本書は、酒販店と飲食店の立場から、よくいただく質問や疑問などを踏まえ、目の前で、そして現地でお話しするようなイメージで世界のお酒をご紹介しています。

お酒はその土地の農作物から造られます。その土地の気候風土から生まれた農作物が、自然界の微生物たちと共存、「発酵」という不思議な現象と人間の知恵によって「お酒」が誕生したのです。そして何千年という月日の中で愛され育まれ、それぞれの素晴らしいストーリーとともに今、私たちを楽しませてくれているのです。

本書を通じて、それぞれのお酒の世界を旅するように味わっていただくとともに、ご家庭で楽しむお酒、レストランやバーで味わうお酒、酒販店で自分好みのお酒を選ぶための参考になれば幸いです。そしてぜひ、これまで出合わなかった様々な国のお酒たちにもふれてみてください。

お酒を飲むのに一番大切なのは、笑顔です。

難しい勉強をしたり、ウンチクを語る必要はありません。

目の前の一杯のグラスを通じて、あなたにたくさんの笑顔が溢(あふ)れますように。

大越　智華子

目次

第1章 ビール

第2章 ワイン

第3章 スパークリングワイン

第4章 日本酒

第5章 焼酎

第6章 ウイスキー

第7章 ブランデー

第8章 スピリッツ

第9章 リキュール&カクテル

第10章

フォーティファイドワイン

本文デザイン・DTP　土屋裕子（株式会社ウエイド）
本文イラスト　千坂まこ（株式会社ウエイド）

智華子先生の
酒 Lesson

さぁ、これから楽しい酒の世界へご案内します！
その前にまず「酒はどうやって造られるのか？」を
簡単に解説したいと思います。

Lesson 1

「酒」はいつ誕生したのか？

我々の遠い遠い祖先は狩猟採集民族でした。紀元前4000年頃、メソポタミア文明とともに農耕が始まり、その土地の農作物を食糧にした農耕民族へと移り変わるなかで、その食糧が自然にアルコール発酵し、酒のもととなる飲み物が誕生したのです。

四大文明はそれぞれの地の農作物から「食と酒」を持っていた

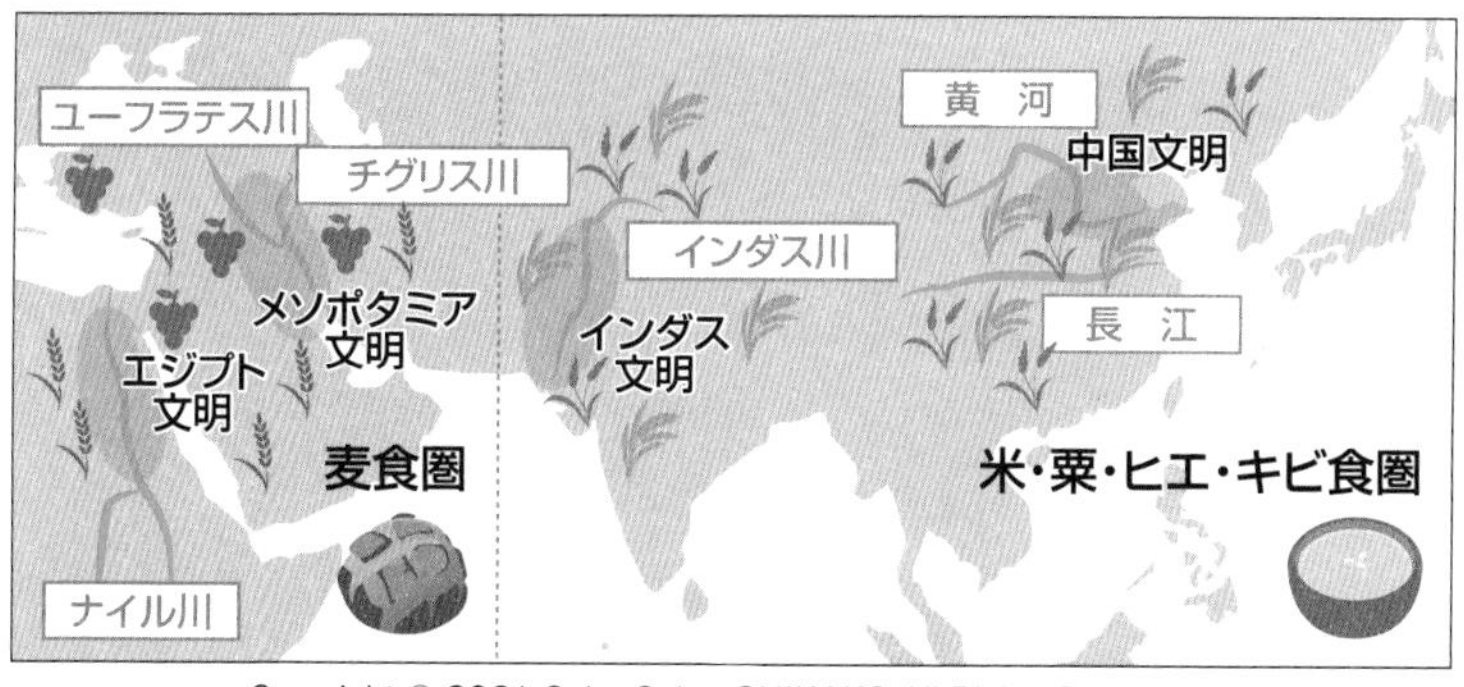

Lesson 2

酒の3分類

世界中の酒は次の3つのカテゴリーのどれかにあてはまります。本書ではこのカテゴリーに属する酒の順で説明していきます。

［醸造酒］原料を発酵させた酒

［蒸留酒］醸造酒を蒸留させた酒

［混成酒］醸造酒や蒸留酒になにかを加えた酒

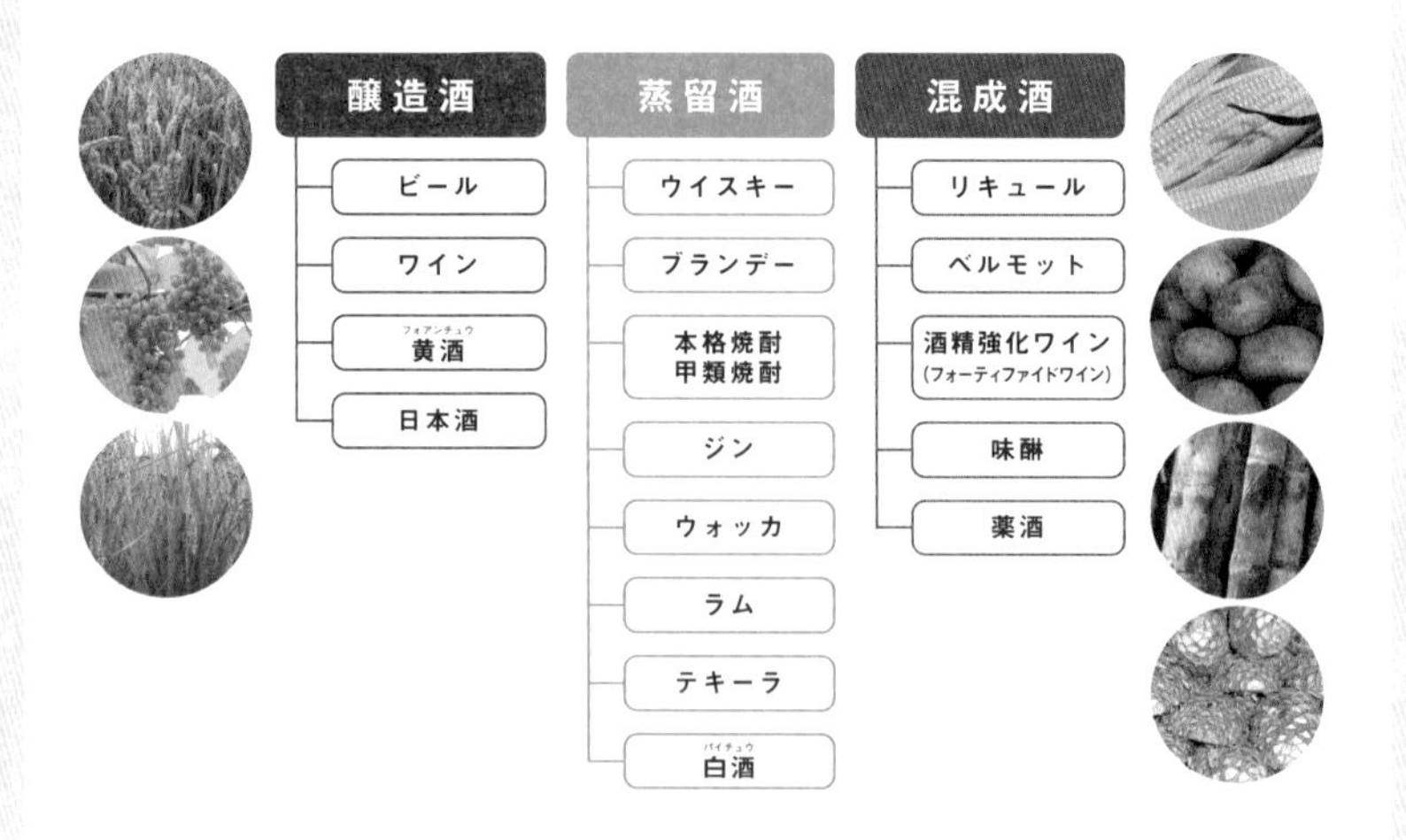

その土地の田畑で作られる農作物や植物を原料にアルコール発酵したものが「**醸造酒**」です。すべての酒の原点ともいえます。

その醸造酒を蒸留器で蒸留したものが「**蒸留酒**」です。簡単に説明すると、麦を発酵させたものがビール、そのビールを蒸留したものがウイスキー、という具合です。さらに、その醸造酒や蒸留酒に何かを加えたり、漬け込んだりしたものが「**混成酒**」となります。

Lesson

アルコール発酵って何？

アルコールを造るために必要なのは「酵母と糖分」、この２つです。

微生物の酵母が糖を食べることによって、アルコールと炭酸ガスが造られます。紀元前から自然界の摂理のなかでアルコール発酵が行われてきましたが、この発酵メカニズムが解明されたのは、1789年のことです。人類は何千年も前からこの摩訶不思議な現象のなかで、様々な酒を生み出していたのです。

アルコール発酵とは？

20ページの図はアルコール発酵形態の３種類です。ワインは原料であるブドウそのものに糖分と酵母を持っています。ですので、ブドウをつぶした甘いブドウジュースは空気中の野生酵母も加わって、自然に発酵する「単発酵」、ビールの原料である麦はデンプン質のため、温水で煮て糖化させ、甘くなった麦汁に酵母を投入する「単行複発酵」、そして日本酒は「麹菌」を用いて米と水で発酵させる「並行複発酵」という形態でそれぞれの農作物が酒になるのです。

麦焼酎とウイスキー。同じ麦が原料で同じ蒸留酒。何が違うの？

A 日本の酒は「麹菌」を使ってアルコール発酵させる特別な酒です。本格焼酎は、日本酒同様に「麹菌」を用いて発酵させるため、麦焼酎には麹を使いますが、ウイスキーはビール同様の工程で造るため麹は使いません。

発酵の種類

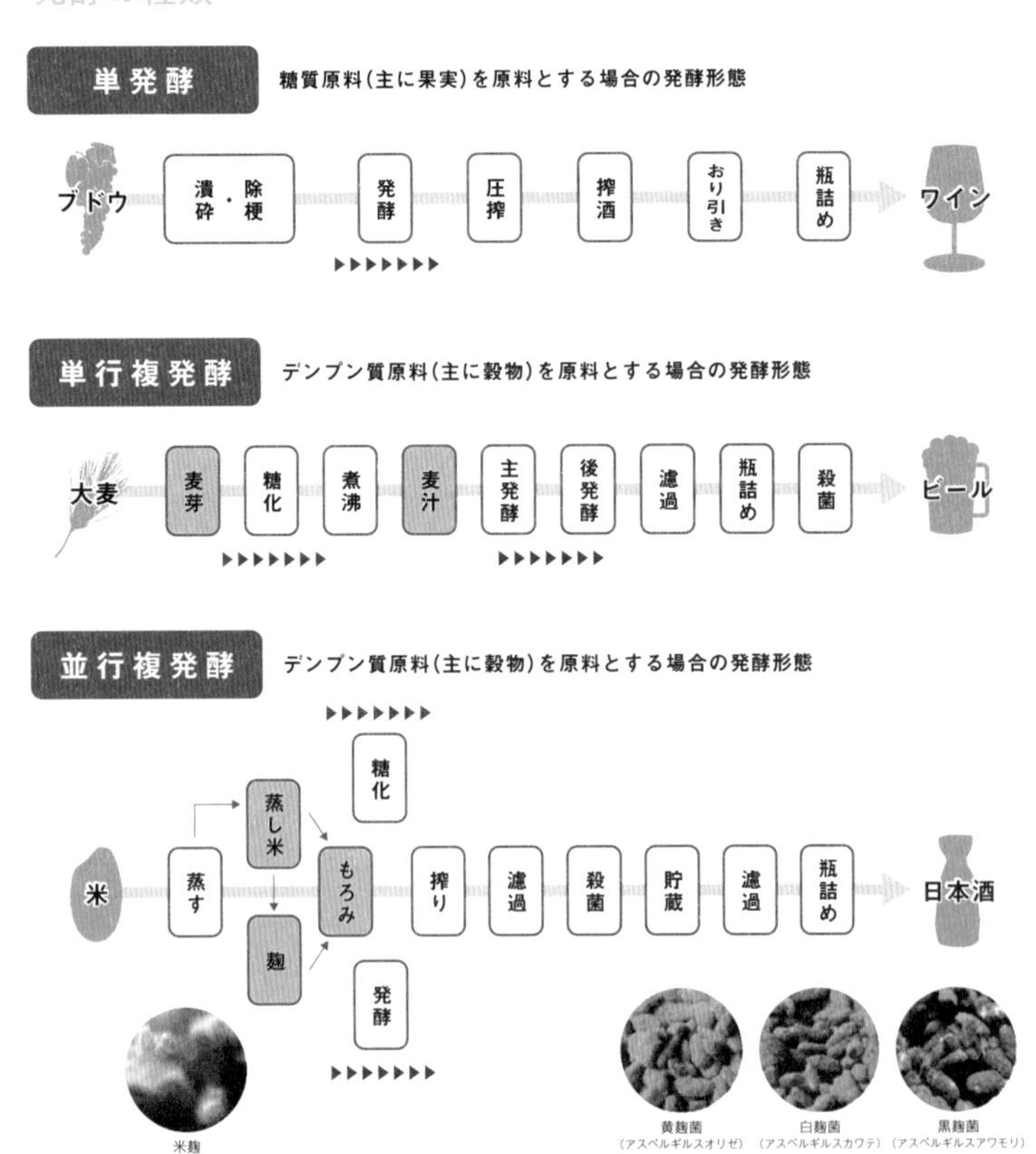

いかがですか？ まずはこれが酒類の基本概念になります。
では、ここからは世界の酒をめぐる旅へ出かけましょう！

BEER

第1章
ビール

世界で最も飲まれている酒といえばビール！
世界でいちばん種類が多いのもビール！
「とりあえずビール！」は、
日本でよく耳にするフレーズですが、
ビールたちはもっと僕を知って選んで！
と思っているかもしれません。
メソポタミア文明からの歴史を持つ「麦」の酒は、
農耕文化を起源に人間と深い関わりを持ち、
欧州を中心に育まれてきました。
19世紀の産業革命以降市場は拡大、巨大産業へと
発展しました。近年は世界中で小規模ブルワリーが次々と誕生。
職人がこだわりを持って造る個性派クラフトビールは
「ビール新時代」の到来といえるでしょう。
「とりあえず」じゃもったいない！
そんな楽しいビールの世界をご案内します。

BEER

ビールの起源
メソポタミア文明で誕生した麦の飲み物

私たちの遠い祖先が狩猟採集民族から農耕民族へと変わった理由は、農作物の発見によるものです。食糧のある場所には人が集まり、人が集まると村ができ、都市へと発展してきました。

ビールの起源は、世界最古の文明といわれているメソポタミア文明期。これはシュメール人が粘土板に刻んだ壁画で残しています。チグリス川、ユーフラテス川に囲まれた肥沃(ひよく)な大地で始まった農耕が酒を生んだといっても過言ではありません。

収穫する穀物も増える中、収穫された麦からパンが生まれると、ある時、副産物として偶然、金色に輝く飲み物ができました。この飲み物は「液体のパン」を意味する「シカル」と呼ばれ、貨幣もない時代、労働者の賃金でもありました。

シカルは、パン同様の栄養価があり、雨水を貯めた不衛生な水よりも安心安全であったことから当時は必需品として重宝されていました。

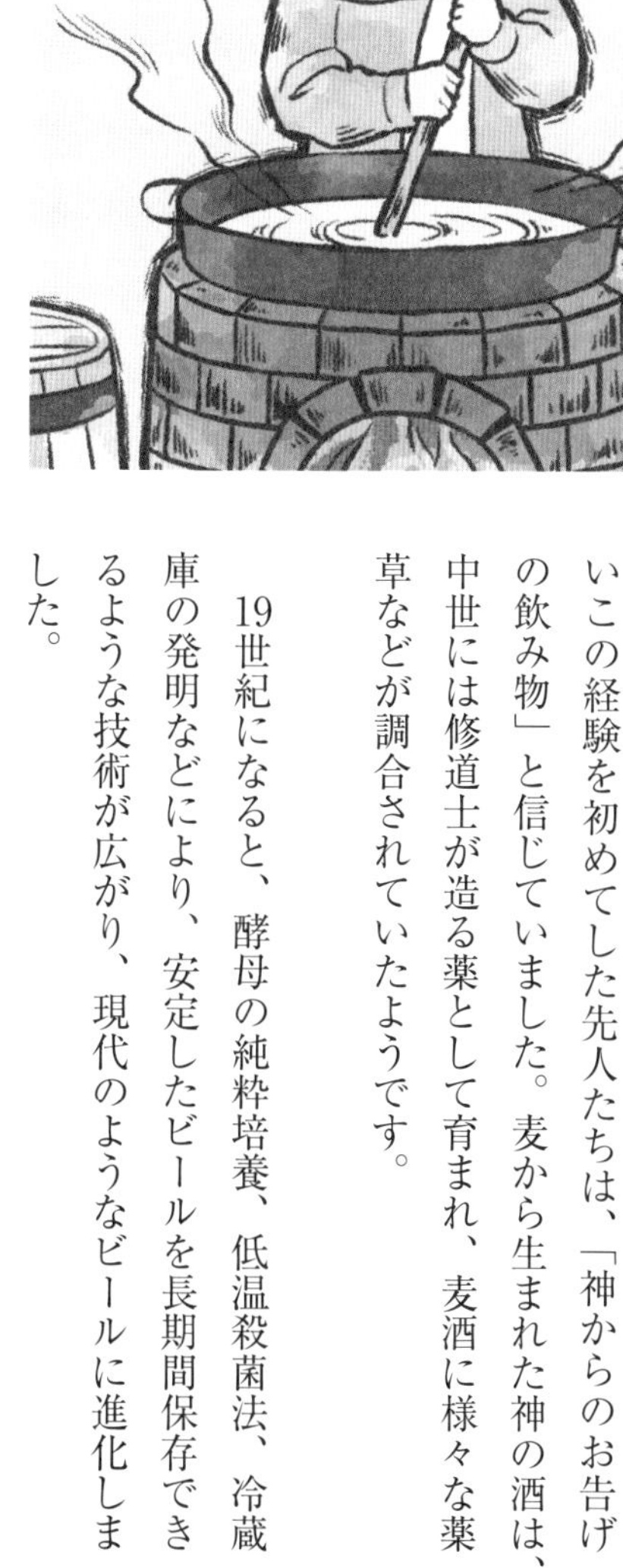

さらに最初にこれを飲んだ先人は、言いようがない高揚感を覚えたはずです。現代では「酔い」という心地良いこの経験を初めてした先人たちは、「神からのお告げの飲み物」と信じていました。麦から生まれた神の酒は、中世には修道士が造る薬として育まれ、麦酒に様々な薬草などが調合されていたようです。

19世紀になると、酵母の純粋培養、低温殺菌法、冷蔵庫の発明などにより、安定したビールを長期間保存できるような技術が広がり、現代のようなビールに進化しました。

現代でも修道院で造られているビール

紀元前に誕生した酒はそもそもが、酔うためではなく、薬としての要素を持つ不思議な飲み物でした。実際に紀元前1550年頃に書かれた医学書『エーベルス・パピルス』にはビールが薬として登場しています。

中世の修道院では病気の人や貧しい人に栄養飲料として麦酒を用い、キリスト教の教えとともに各地に造り方を伝えて回っていたのです。

実際の修道院で造られるビールは「トラピスト」といい、世界171カ所あるトラピスト会修道院のうち現在11カ所で「トラピストビール」が造られています。日本では、ベルギーの「シメイ」が有名ですね。ベルギー郊外のシメイ町にあるスクールモン修道院を訪ねてみました。教会には人々が集まり、マリアさまにお祈りしています。物音一つしないその静寂な佇(たたず)まいに驚きました。下の写真奥に見える扉の向こ

トラピストビール醸造国

ベルギー	5カ所
オランダ	2カ所
オーストリア	1カ所
アメリカ	1カ所
イタリア	1カ所
イギリス	1カ所

（2021年9月現在）

う側でビール醸造が行われていますが、残念ながら一般の方は見学できません。
これらの修道院醸造所では、定められた規則を遵守し醸造、協会の認可を取ると、トラピストの名称使用と、トラピストビールを証明する六角形のロゴマークをつけることが認められています。

シメイ・レッド

シメイ・ブルー
（ヴィンテージ入り）

オルヴァル

グレゴリアス

ロシュフォール８

BEER

「エール」か「ラガー」か？ 味わいの違いは「酵母」の力

ビールの味わいは、大麦の種類・酵母の種類・水質・ホップ、この4つのバランスで大きく変わります。中でも重要な要素を持つのが「酵母」です。

日本酒を醸す酵母にも様々な種類がありますが、ビールを醸す酵母は大別して「エール」と「ラガー」この2種類です。

あれ？　聞いたことがありますよね？　実はこれは酵母の名前だったのです。この2つ、歴史や発酵の仕方も違いますが、味わいもまったく違うものになります。そして、おいしく味わう温度も違ってきます。

香りと味わいのあるビールは「エール酵母」

○○エールと表示されているビールは、「エール酵母（上面発酵酵母）」で発酵させたビールです。このエール系のビールは、フルーティーな香りや麦の甘い香り、香ばしい香りなどが楽しめます。あまり冷やさないことがポイント！　ワイングラスのよ

発酵の種類		ビールの種類
	**エール酵母で発酵**（上面発酵酵母）	**エールビール** フルーティで豊かな香りと深い味わいが特徴。ワインのように香りと味わいを楽しむビールです。 味わいに個性があるため、料理に合わせてエールビールを選ぶ楽しみがあります。
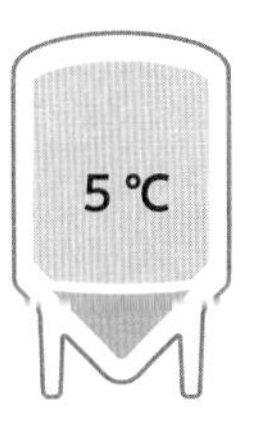	**ラガー酵母で発酵**（下面発酵酵母）	**ラガービール** スッキリとした飲みやすさが特徴。ゴクゴク飲めて喉越しを楽しむビールです。日本で流通しているビールのほとんどがラガービールです。

うな丸みのあるグラスを用い、ゆっくりと時間をかけて味わいを楽しむタイプです。

スッキリタイプのビールは「ラガー酵母」

日本のビールはスッキリとした味わいが特徴でキリッと冷たく冷やして飲むビールですね。これらは「ラガー酵母（下面発酵酵母）」で発酵させています。

１８４２年にチェコのピルゼンでラガー酵母を使用した「ピルスナービール」が誕生しました。日本のビールはこのピルスナーをお手本に造られたもので、スッキリとした味わいのタイプになります。しっかりと冷やすことで、爽快感が楽しめます。

BEER

これがビールの原点「自然発酵酵母」

エール酵母やラガー酵母は純粋に培養された現代の酵母です。ではそれ以前はどうだったのでしょう。

古代からのビールは自然界に生息する野生酵母で発酵させていました。発酵の概念がない時代は自然界の力を利用していたのです。

自然発酵酵母ビールの代表は、ベルギーの「ランビックビール」です。ブリュッセル近郊の醸造所で造られ、使われる酵母の生息地も限られています。

醸造所の壁や屋根、樽の中に住み着いた天然の酵母で自然発酵させる製法は５００年以上守られています。実際に現地でその発酵室を見る機会がありました。開けられた発酵室の窓から風にのって自然の酵母が運ばれてくるそうです。

ランビックの特徴は、強烈な酸を持つこと。ひと口飲むと誰もがその酸っぱさに驚

1900年に設立された、
カンティヨン醸造所のビール発酵槽。

きます。これこそが何千年もの歴史あるビールの原型に近いビールなのでしょう。
発酵が終わったビールは樽の中で熟成されます。

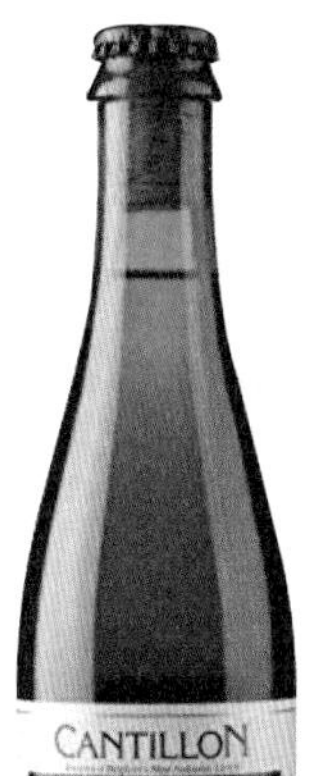

賞味期限が20年後のビールとは！

今、私の手元にある「ランビックビール」の賞味期限は2040年11月。何と20年後です！　しかもコルクの栓で閉められ、その上に王冠でフタがしてあります。ワイン用のコルク抜きがなければ飲めません。賞味期限の秘密は、殺菌効果の強いホップの大量使用。これにより、長期熟成にも耐えられます。

商品紹介

ピーチ

フランボワーズ

チェリー

カシス

女性にも人気の「フルーツランビックビール」は、ランビックビールの発酵中にチェリーやカシス、モモなどの生果汁を入れ、酸味を和らげた果実の香り豊かなジューシーでやさしい味わいです。

BEER

ビールができるまで

まず、大麦を発芽させて「麦芽」を造ります。麦芽のことを「モルト」といいます。この麦芽を温水で溶かしてトロトロの麦芽粥を造ります。ゆっくり煮ることで麦芽は自然と糖化してゆきます。

糖化された麦芽を濾過すると「甘い麦汁」ができあがります。実際に私もビール醸造体験のなかでその麦汁を飲んだことがあるのですが、その味わいは温かく、甘い麦茶のようでした。

その甘い麦汁をさらに煮沸し、ホップを加え、酵母を入れることで発酵が始まります。

その時に入れる酵母の種類がエールなのか、ラガーなのかによって、発酵の温度や発酵の仕方も変わり、味わいの違うビールが生まれるのです。

1 大麦を発芽させ麦芽を造る（製麦）

2 麦芽を温水で溶かし麦汁を造る（糖化）

3 麦汁と麦粕を分離させる（濾過）

4 麦汁を煮沸しホップ投入する（煮沸）

5 酵母を加え発酵を促す（発酵）

6 貯蔵タンクで熟成させる（貯蔵・熟成）

BEER

ビールの楽しみが倍増する【スタイル】を知る！

日本でも数多くの輸入ビールが販売されていますが、実はそれはほんのごく一部。いったいい世界にどれだけのビールがあるのか、私にも皆目見当もつきません。ビール王国ベルギーだけでも約１５００種、アメリカに関してはクラフト自家醸造家も含めると、８０００軒近くもの醸造所が数種もの商品を出しているのです。

世界のビールは、モルトや酵母、穀物、ホップの種類、アルコール度数など、ビールの味わいに影響するファクターによって、様々な「カテゴリー」に分けられています。なんと、世界にはそのカテゴリーの数だけで１５０以上もあるとのこと！

このカテゴリー分けされた「種類」のことをビールの世界では「スタイル」といいます。ビールコンクールなどでも、それぞれのスタイルごとにエントリーされ、個性派ビールとの混同を避けているのです。

日本でよく飲まれているビールはそのうちのたった一つ「ピルスナー・スタイル」ですが、近年はクラフトビールでも様々なスタイルの商品が多くなりましたね。

ビアスタイルの特徴

Ale エール 上面発酵ビール

エール
上面発酵ビールの総称的な呼び方でも使われています。エールにはブラウン、ライト、ビター、レッド、ダークなど多種類あります。

ペールエール
ペールとは「Pearl（真珠）のような輝きがある」という意味です。苦みは強く、ホップの良い香りがしつつ、風味も味わえるビールです。

IPAインディアン・ペール・エール
通常のペールエールよりもアルコール度が高く、やや淡い色をしています。ホップが多く、ドライで苦みを効かせたエールです。

ヴァイツェン
ドイツのバイエルン地方のビールで、小麦麦芽を使用しています。フルーティーで泡立ちが強く、清涼感があります。苦みは弱め。

ケルシュ
淡いゴールド色で、ドイツ、ケルン地方の特産です。フルーティーな香りがあり、後味がさっぱりした飲みやすいビールです。

アルト
「デュッセルドルファー・アルトビア」といい、ドイツで盛んに造られている茶色いビールです。モルトの芳しい香りと、強めの苦みが特徴です。

スタウト
アイルランド発の黒いビール。ローストモルトを使用し、香ばしさ、苦みがある中、まろやかさも楽しめます。日本ではギネスビールがお馴染みです。

Lager ラガー 下面発酵ビール

ラガー
下面発酵ビールの総称で使われていて、世界で一番よく飲まれているビールです。ピルスナーを真似て、ホップの香りや苦みを調整し、飲みやすく製造されています。

ピルスナー
チェコのピルゼンで生まれた世界で初のゴールドビール。まろやかな味とホップの香り、鮮度が重要なビールです。

アメリカン
アメリカの一般的ビール。コーンやスターチなど副原料を使用し、苦味を抑え、炭酸ガスを強めにし、清涼感を強調したスッキリとした味わいです。

ヘレス
ゴールド色の淡色ビール。ホップは控えめ、苦みも軽め、スッキリ飲めるビールです。食事と一緒でも料理の味を邪魔しません。

ドゥンケル
ダークな色の香ばしいビールです。ローストの香りがあり、苦みが控えめでやさしい味わいが人気です。

ボック
ドイツで製造される、アルコール度数の高いラガー（6%～）。甘みが強く、重厚な香りがするものもあります。“ドッペルボック”はさらに濃厚です。

ラオホ
ラオホはドイツ語で「煙」の意味。ブナの木を燃やした煙で麦芽に風味をつけて製造する燻製ビールです。スモーク香と、麦芽の香ばしさが楽しめます。

どんなビールを選ぶ？

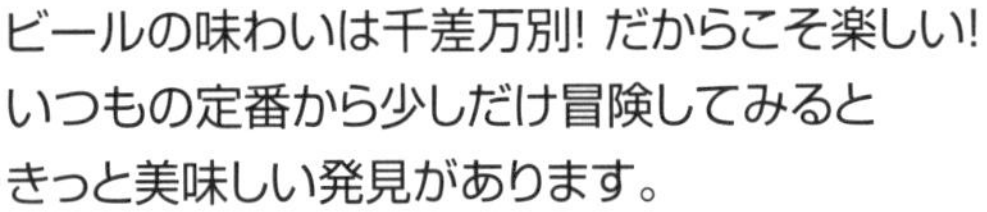

ビールの味わいは千差万別! だからこそ楽しい!
いつもの定番から少しだけ冒険してみると
きっと美味しい発見があります。

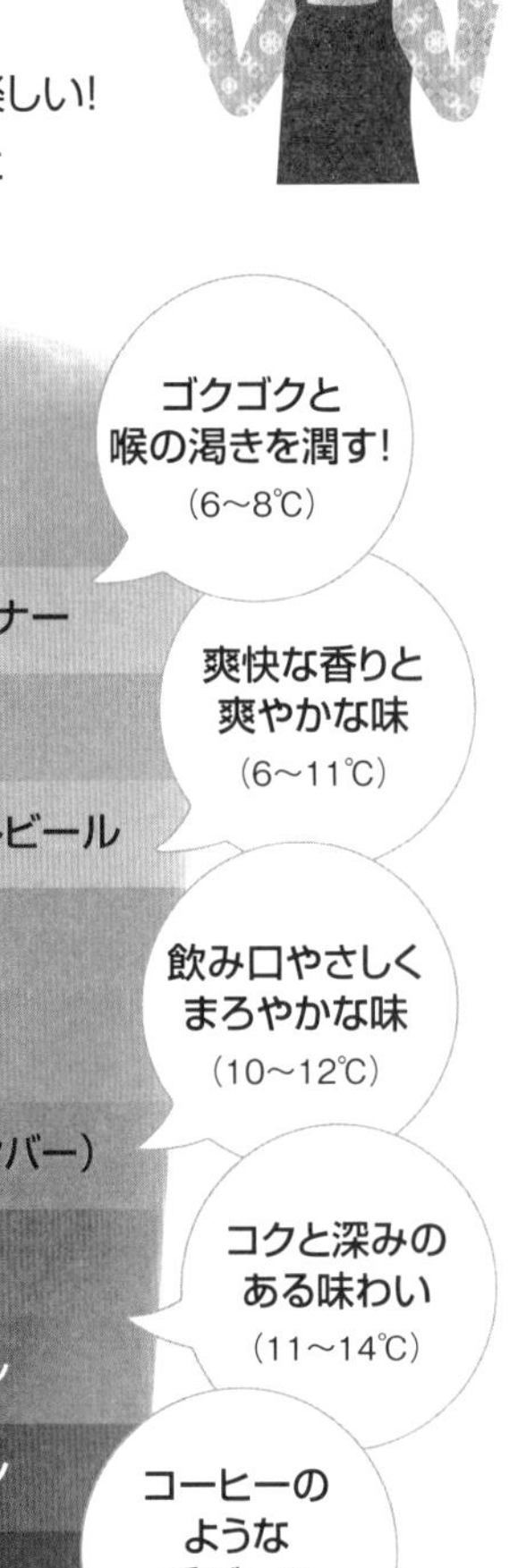

雑学

長い航海から生まれたIPA!?

ビアスタイルの一つ「インディアン・ペール・エール」(略して「IPA〈アイ・ピー・エー〉」)は、苦みが効いた香り高い味わいが人気です。

ビール造りに欠かせないホップは、苦みをもたらし、香りを生み、泡立ちを良くし、香りや味わいの飛散を防ぐ役割を持っています。ホップが一般的に使われるようになるのは15世紀くらいから。当時は殺菌防腐効果のためでした。後の19世紀頃イギリスからインドへビールを長期間かけて輸送する際に、殺菌防腐効果のあるホップを多く入れる手法が生まれました。これがIPA、インドへのためのペールエール、という意味のものです。1970年代になり、アメリカで苦み成分と香気成分を豊富に含んだホップ生産が成功し、苦みが効いた香り高いビール醸造に成功します。その時に苦みビールの代名詞であったIPAという呼称を復活させ、後に世界中に広まりました。ダブルIPA、イングリッシュIPA、アメリカンIPAなど様々なIPAがあり、味わいもそれぞれ違います。

デンマーク　ドイツのミュンヘンからデンマークに持ち帰られた優秀な酵母がデンマークビールの質を向上させました。1850年にカールスバーグ博士が酵母の純粋培養法を発明。以降、純粋培養された酵母の使用によって品質を安定させることに貢献したデンマークビールも世界的に人気があります。

チェコ　国民一人当たりのビール消費量は世界一。何と日本人の消費量の5倍！ 日本のビールはピルスナースタイルですが、その発祥はチェコのピルゼン。ビールに適した水源や良質なホップの生産地でもあり、スッキリとした爽快感あるビールが多いです。

オーストリア　良質な水に恵まれているウィーンはかつてビール帝国といわれるほどビール醸造が盛んで、年間一人当たりのビール消費量はチェコに続き第2位です。現在では200近い醸造所があり、街にはいたるところにビールを楽しめるカフェがあります。ビールはオーストリア人にとって欠かせない飲み物なのです。

ドイツ　古くからビール造りが盛んでしたが、1516年バイエルンのヴィルヘルム4世が発令した“ビールは大麦とホップと水以外の原材料を禁止する”とした「ビール純粋令」により良質なビールが数多く誕生します。現在でもこの精神は頑なに守られ、引き継がれています。

ビール

ワイン

スパークリングワイン

日本酒

焼酎

ウイスキー

ブランデー

スピリッツ

リキュール

フォーティファイドワイン

欧州のビールを楽しもう！

オランダ 18世紀頃、蘭学とともに日本に初めて持ち込まれたビールがオランダ産。ベルギー同様に歴史は古く、修道院でビールが造られていました。ハイネケンやグローリッシュなどの巨大ビールメーカーもありますが、小規模な醸造所も数多く残っていておいしいビールを造り続けています。

イギリス イギリスはスコッチウイスキーの産地としても有名ですが、ウイスキーと並んでビールもイギリスの国民飲料、たくさんのエールビールが生み出されています。またパブ文化もイギリスの食文化の一つ。パブで味わうエールはこの上ないおいしさで、多くの若者から紳士たちまで賑わっています。

ベルギー 良質なブドウが望めないベルギーでは麦の生産が盛ん。自然発酵のランビックやハーブやスパイス、フルーツなどを使用して醸造するビールなどその種類は豊富で、まさに「ビール王国」。現在でも修道院ビールの醸造も世界一！ワインを楽しむのと同じように食文化に溶け込んでいます。

スイス 7世紀頃からビール造りが行われていたといわれるほどの長い歴史があります。大自然に囲まれた環境、本物のアルプスの天然水など、スイスはビール醸造に欠かせない条件が揃っているのです。現在でも1000近い醸造所が素晴らしいビールを生み出しています。

前ページで欧州のビールを紹介しましたが、何かお気づきになることはありませんか？

そう、これらのビール王国ではワインの生産数がとても少ないのです。理由は気候により、ブドウが環境的に育ちにくい地域だから。ワイン文化が発展しなかった国では、しっかりとビール文化が根付いているのです。

写真は、深夜0時を過ぎたブリュッセルのビアカフェです。

ビールもワインも醸造酒。長い歴史の中で食文化とともに育まれてきた酒です。ビールはワイン同様に食中酒としての役割も果たしてきたのです。

ビールの種類の多さからギネスブックに登録された「デリリウムカフェ」

BEER

ニッポンご当地クラフトビールが大人気！

今まさに日本各地でクラフトビールが大人気！　酒販店やレストラン、旅先などでクラフトビールを見かけることが多くなってきましたね。

当店でも常時約１００種類ほどのクラフトビール缶がずらりと並んでいます。家飲みはもちろん、ギフトセットにも大好評です。

今、こうしてたくさんの銘柄があるのは、１９９４年の酒税法改正により製造量が規制緩和されたことによります。それまでの、年間に２０００キロリットル以上を製造しなければならないというビール製造免許の規定が、年間60キロリットル以上に改訂されました。

これにより、全国各地でその土地に根付いた「地酒」ならぬ「地ビール」が登場したのです。当時は約３００のビール醸造所があったようで、その土地のお土産的要素が強かったように思います。

規制緩和によって地ビール醸造所は増えましたが、それまでの日本のビール市場は大手4社のみ。その味に慣れてしまっている消費者からはやや不人気でした。

というのは大手と違って原料などのコストがかかる分、価格が高くなるからです。またお土産的要素が強かったので、家庭内での消費にはなかなかつながりませんでした。しかも醸造技術や味わいも研究を重ねる大手には敵わず、少しずつ翳（かげ）りを見せ始めます。

そんな折、アメリカでマイクロブルワリーと呼ばれる極小規模な醸造所で個性派の手造りビールが誕生、ブームが起きます。それに習って、日本でも2010年頃から個性派ビール醸造を目指す職人が出てきました。同時に、地産地消や町おこしなどが推奨され、手造り感を打ち出した「クラフトビール」という言葉が出始め、ご当地色を意識した多種多様な個性派ビールが造られるようになりました。ですので、地ビールもクラフトビールも意味合いは同じです。当店では「ご当地ビール」と紹介しています。現在、日本には200ほどの小規模醸造所があり、各社様々な味わいのビールを生み出し、地域産業に貢献しています。

雑学

クラフトビールブームの発祥はアメリカ

クラフトビールとは直訳そのまま「手造りビール」のことです。アメリカで人口が急増した18世紀、まだ飲料水が不衛生であったこともあり、水よりも衛生的とされていたビール市場は大手が独占していました。

前ページで書いたように、1980年代に、若いチャレンジャー達が造った個性的なビールは人々を魅了し、インターネットを利用した発信で瞬く間に世界へと広がり、2017年にはついに2.6兆円を超える市場になりました。

アメリカの醸造所は2019年の時点で8300軒以上にものぼります。ビール王国ベルギーの醸造所数125軒を遥かに超えていることは驚くべき事実です。

また、近年ワイン王国フランスでも、3000軒の醸造所に達しました。

今やアメリカはクラフトビール業界を牽引するビール大国となっています。

[日本の第一号クラフトビール]

エチゴビール

1995年日本で初めて国内製造クラフトビールを誕生させた新潟市のエチゴビール。
様々な味わいのクラフトビールを楽しませてくれます！

雑学

なぜビールに泡があるのか？

ビールに欠かせないのが泡ですが、この泡にも大事な役割があります。

実は注いだビールに泡が出るようになったのは19世紀の後半だったようです。発酵によりアルコールと炭酸ガスが生まれますが、古代のビールは樽で長期貯蔵され、炭酸ガスは自然と液体に溶け込みます。このためビールは何世紀もの間、非発泡性でありました。その後、栓のついたボトルやアルミ缶などの登場で、容器に発酵した麦汁を入れ、密封することで炭酸ガスを封じ込む手法が生まれたのです。

ビールの泡には、液体の炭酸ガスを閉じ込め、香りや風味を飛散させない、外気に触れることでの酸化を防止するなど大切な「フタ」としての役割があるのです。

ぜひビールの泡も楽しんでくださいね。

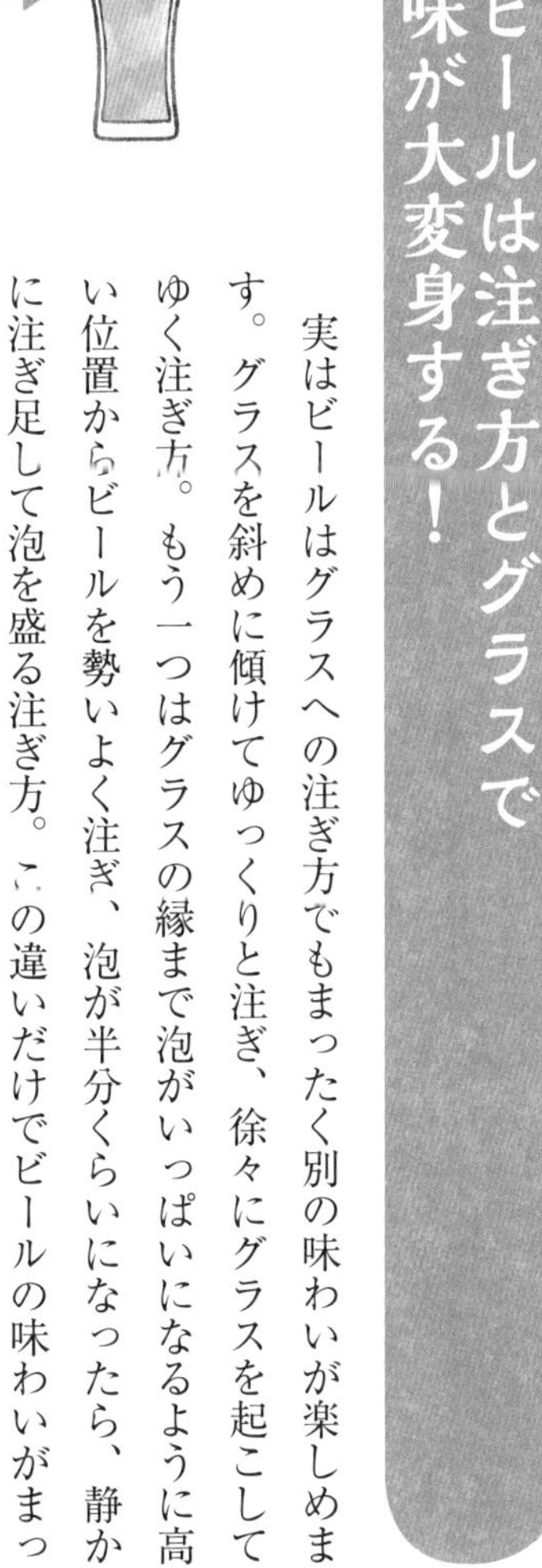

BEER

ビールは注ぎ方とグラスで味が大変身する！

実はビールはグラスへの注ぎ方でもまったく別の味わいが楽しめます。グラスを斜めに傾けてゆっくりと注ぎ、徐々にグラスを起こしてゆく注ぎ方。もう一つはグラスの縁まで泡がいっぱいになるように高い位置からビールを勢いよく注ぎ、泡が半分くらいになったら、静かに注ぎ足して泡を盛る注ぎ方。この違いだけでビールの味わいがまったく変わります。

生ビールも然(しか)り。飲食店で楽しむ生ビールは上部の泡を捨てていることがありますが、これは「泡切り」といって、目の粗い泡を捨て、クリームのようなきれいな泡だけにすることで、生ビールの旨みをジョッキに閉じ込めているのです。またグラスの形状によっても味わいが変わります。ベルギーにはビールの種類と同じ数だけのグラスがあるそうですよ。

BEER

お家で楽しめるおしゃれなビアカクテル

そのまま飲んでもおいしいビールですが、家飲みではもっと違う楽しみ方をしてみませんか。この項では、お家で簡単に作れるカクテルをご紹介します。

ビール＋ジンジャーエール　イギリス生まれの【シャンディガフ】

冷えたジンジャーエールとビールを半半で注ぐだけ。ジンジャーのピリッとくる辛さとW炭酸の効果で爽やかな味わいを楽しめます！　ビールはイギリス生まれのエール系がお勧め。辛口のジンジャーエールなら大人の味に！

ビール＋レモン炭酸　フランス生まれの【パナシェ】

レモンスカッシュやオランジーナなどの少し甘みのあるフルーツ炭酸とビールを半分ずつ注ぐだけ。口当たり良く、スッキリと軽快な味わいが楽しめます。ビールはスッキリ系がお勧め。

ビール＋トマトジュース 健康的な【レッド・アイ】

先に冷えたトマトジュースを注いでから、同量のビールをゆっくりと注ぎ軽く混ぜます。お好みでレモンを搾ったり、生卵を入れたり、タバスコや胡椒のほか、リーペリン（ウスター）ソースを入れるなど自由に楽しめます。ビールはスッキリ系ならさっぱりした味わいが楽しめます。エール系なら重厚感のあるレッド・アイになります。

ビール＋ミントで【ビア・モヒート】

モヒートはホワイトラムと炭酸に砂糖とミントの葉を潰して楽しむカクテルですが、この時、炭酸の代わりにビールを！ ホワイトビールで作るとさらに爽快感も増します。氷砂糖で甘さも調整しながら、お好みの味で楽しんで！

この他にも、氷を入れたビアロックや、ジンを入れてアルコール度を高めてスッキリさせたり、ワクワクドキドキのビールの世界を楽しんでみませんか⁉

BEER

本来ビールの原料は麦とホップです

醸造や原材料にこだわりを持つ醸造家たちが独自の手法でオリジナルビールを造る、世界や日本の「クラフトビール」に見られるように、おいしさにこだわったビール造りの時代がようやくやってきました。やはりこだわった分だけおいしいビール。せっかくお金を払って飲むものですからおいしいビールがいいですよね。

紀元前からの歴史を持つビールですが、日本でのビール醸造は明治になってからなので、まだ150年ほどしか経っていません。

戦費捻出のため酒税を高額にしたビールは限られた醸造メーカーが独占し、市場支配の〝商品〟となりました。戦後はそのシェア争いの中で法律ギリギリまでの副原料（※1）を入れて本来のビールに近い味わいの製品を造り上げることが競争となってゆくのです。麦よりも安いトウモロコシのデンプン質を精製したスターチや米を入れたりと様々な工夫と調整をしながら……。

ビール純粋令のマーク

ビール純粋令

本物のビールを飲みましょう！

今から約５００年前、ドイツのバイエルン地方では１５１６年に「ビール純粋令」が発令され、ビールの原料は”大麦とホップと水に限る“とし、それ以外の材料を使うことを禁止しました。現代でもドイツはこの純粋令を守るビールにその印を付けています。ドイツはもちろん、世界各国のビールはそれが基準なのはいうまでもありません。

あぁ、それなのに、それなのに。わざわざデンプンを用いてビール造りをする日本。様々なスターチや米を入れるのは日本人の口に合うから、ともいわれていますが、世界の本物のビールのおいしさと比べてしまうと私は何となく納得がいきません。

さらに付け加えるならば、麦芽の使用比率によってビールの税金を低くした発泡酒の出現にはゲンナリしました。高いといわれているビールの酒税を麦芽の使用率を低くし、他の副原料を入れたものを造り、ビールよりも酒税を低くするというものでした。

さらにさらに、麦芽を使用しないで造ったビール風味？　の商品は、リキュールや雑酒扱いにして発泡酒よりさらに酒税を低くするという手段（いわゆる新ジャンルと呼ばれるもの）まで出てきました。

麦を一切使用しないビール風アルコールにはたくさんの添加物が入っていることにも驚きです。〝安かろう、悪かろう〟というよりも、〝中身がどんなものかわからなくても安くてビールっぽければいい〟というのは少し残念です。現在でも大手メーカーはこのジャンルでシェア争いを繰り広げていますが、２０２６年からはその税率も一律になりますのでそういった商品は淘汰されてゆくでしょう。

ただ、たいへん残念なのは、２０１８年に改正された日本の酒税法です。「ビール」と名乗るための条件が、これまで麦芽の使用率が「67％以上」だったのに対し、「50％以上」と下がってしまったことです。本来は１００％であるはずがさらに下げられてしまったのです。何だか納得がゆきませんね。

酒税ありきではなく、中身ありきのビールになってほしいと心から願っています。

（※1　現在日本の酒税法で認められている副原料　とうもろこし・こうりゃん・ばれいしょ・でんぷん・糖類・カラメル・果実・香辛料）

ノンアルコールビールの原料に要注意

日本に限らず、今、世界中でノンアルコール市場が急成長しています。日本では酒税法で「酒類はアルコール分1度以上の飲料」と定義されています。よって、ノンアルコール飲料とは、含有アルコール量が1％未満で、外観、味、香りなどが酒類に似ているものを指します。

ノンアルコールビールといってもアルコール度数が0・9％や0・5％など、わずかでもアルコールを含んでいるものを多く飲めば確実に酔います。体内のアルコール分解能力が低ければなおさらです。このアルコール度数の違いは製造方法にあります。

海外のビールメーカーが造るノンアルコールビールは、原材料に麦とホップしか使用しない本来のノンアルコールビールといえます。近年、国内メーカー各社の独自開発によって完全な0・00％のビールテイスト飲料も登場し、さらに健康効果を促進する特保飲料までありますが、原材料表示をよく見てください。おいしく感じるように様々な人工甘味料などが添加されていますのでご注意を！

column

ベルギービール訪問記

伝えるためには百聞は一見に如かず。数年前、ビール王国ベルギーの現場を訪ねました。当時ベルギーには124カ所の醸造所があると言われていました。私はビール醸造所の中でも、大手メーカー、中堅規模の蒸留所、ランビック醸造所、修道院醸造所、そして小規模な手造り醸造所と、それぞれ規模が異なる醸造所を巡ることが目的でしたが、これが大正解！　私にとってはすべて大きな収穫でした。

中でも感動したのは、月に一度しか造らないという郊外の田舎にあるご夫婦二人で醸造する小さな醸造所。高校教師のご主人の定年を機に家業のビール醸造を継いだとのこと。驚いたのは醸造所の設備は数百年前と変わらない手動だったことです。

現代でも電気を使わずにビール造りからラベル貼りまで夫婦仲良くやっているとのこと。「先祖代々の伝統を守りたいんだ。今度チカコが来る時は一緒にビールを造ろう！」と仰っていた笑顔が忘れられません。いつかきっと!!

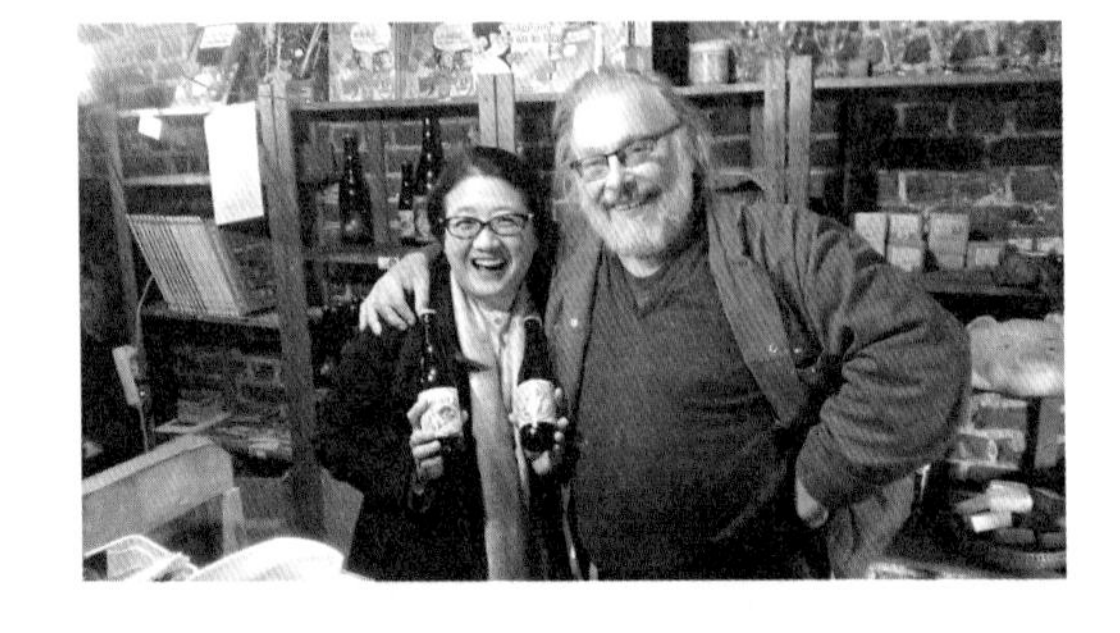

WINE

第2章
ワイン

「ワイン」はブドウを搾った果汁そのままを発酵させた
果実酒です。
ワインは仕込み水を一滴も使用しない、まさに天と地の恵みが
生んだ果実酒。その起源はおよそ1万年前に遡ります。
日本でも縄文期から野ブドウからブドウ酒を造っていた、
と伝えられていますが、果物から「発酵」という偶然の産物を
生み出した果実酒はかつて「薬」として用いられてきました。
宗教と戦争、土地の支配に翻弄(ほんろう)され、永い歴史を辿(たど)った果実の
酒はどれほど多くの人を魅了してきたことでしょう。
現代では世界各地の気候風土とその土壌が生むブドウ品種から
素晴らしいワインが誕生しています。
そして日本のワインも世界から注目されています。

WINE

ワインは知識で飲むのではなく、楽しんで飲む！

店頭でよく耳にするのは「ワインのことわからないのですが……」と恥ずかしそうに仰るフレーズ。わからなくても気にしないで！　詳しくなくて当たり前です！　と声を大にして言いたいです。

ラベルにはワイン名、ワイナリー名、ブドウ品種名、地域や産地、村の名前など、たくさんのことが書かれているのですが、どれが何を指すのかチンプンカンプンですね！　それが普通です。

どれがブドウの名前で産地の名前なのか、欧米人でも理解している人のほうが断然少ないのです。

そもそもワインという西洋の飲み物が本格的に日本市場に入ってきたのは、１９６４年の東京オリンピックや、１９７０年の大阪万博がきっかけでした。人類が造った世界最古の食品といわれるチーズも同様です。故に、日本がこの西洋の食文化を受け入れてまだ60年ほどしか経っていないのです。

しかもこの間に、世界のワイン市場も大きく変化しています。醸造方法も進化し、情報も常に上書きされています。

ソムリエなどワインサービスを職業とする方、酒販店のようにお客様に販売する方は常に情報収集や勉強が必要ですし、詳しくなくては商売になりませんが、消費者の方が「ワインのことはわからない」というのは、決して恥ずかしいことではありません。実際、ワインを楽しむために難しいウンチクは一切必要ありません。目の前に注がれたグラスをグルグル回したり、気の利いたコメントなんてしなくていいのです。それよりも一緒に飲んでいる人と笑顔で会話しながら楽しんでくださいくださ。どうか肩の力を抜いて天と地の恵みを楽しんでください。それが何よりのおいしさにつながります。

でも楽しむためには自分の好みの味を選んでみたいですよね。そのためにはいくつかのポイントだけ押さえておけば大丈夫。

さぁ、ここからは楽しくておいしいワインの世界への旅です。

WINE

起源は8000年前！ 黒海沿岸がワインの発祥地だった！

数年前から話題になっているオレンジワイン。よくオレンジワインは果物のオレンジから造られるの？　と質問をいただきますが、違います。正確には琥珀（こはく）色、薄い褐色を意味する「アンバーワイン」といい、オレンジワインとは、ロゼワインがバラ色をしているように、オレンジ色がかったワインのことを指します。

アンバーワインは、今から8000年ほど前、ジョージア（旧グルジア）で、クヴェグリと呼ばれる素焼きの甕（かめ）を地中に埋め込み、そこでブドウを房ごと醸したのがルーツと言われています。

当時は酔うためのものではなく健康のための「薬」でした。紀元前のワイン造りや発祥地については所説ありますが、紀元前6000年頃にはすでにコーカサス山脈から黒海のあたりでワイン造りが発達していたことが最近になってわかってきました。現在でもジョージアやアルメニア、トルコでは素晴らしいワインが生み出されています。
文字もない時代、文献が残されているわけではないので、証明する術(すべ)はありませんが、世界中の研究者たちが発掘された土器などから今なお謎解きに挑んでいます。
ジョージアでは今のように人気になる遥か以前からワインを造っていましたが、広く知られていませんでした。なぜなら、ジョージアは旧ソ連の支配下にあり、素晴らしいワインでも国際市場には出回ることがなかったからです。

　1991年の独立後、ジョージアは大きく変わりました。ジョージア政府はＮＡＳＡの協力を得てワイン発祥地であることを科学的に証明する試みをしているそうです！　ワインの神バッカスもきっと喜んでいるでしょう！

ワインの神
バッカス

WINE

ワインができるまで

アルコール発酵に必要なのは「糖分と酵母」この2つですが、すでにブドウそのものにこの2つが含まれています。

ブドウの実そのものが「糖分」、そして「酵母」はブドウの皮の内側に微量についています。ブドウをつぶしてジュースにすると、ブドウ自体が持つ酵母と、空気中の野生酵母によって自然に発酵が行われ、ワインができあがるのです。

赤ワインは、ブドウの果皮も一緒に発酵させるのでブドウジュースが赤く染まります。白ワインは、ブドウの果汁だけを発酵させるので、黄色のような色合いに。

発酵が終わったワインは、熟成という時間を過ごし、飲み頃になった時に出荷されます。

1 収穫したブドウを２～３週間、果粒と果汁を漬け込む（浸漬）

2 このタンクの中でアルコール発酵が自然に行われる（発酵）

3 圧をかけて赤くなったワインとブドウ粕を分離する（圧搾）

4 タンクや樽でゆっくりと寝かせる（熟成）
※ワインによって熟成期間は異なる

5 ワインの中の固形物や酵母などを除去する（濾過）

WINE

ここが知りたいワインのコト❶
ワインは熟成したらすべておいしくなるの？

ワインには、早飲み向きワインと熟成向きワインがあります。

これはワインに限ったことではありませんが、すべての酒は造り手が、飲むのにちょうど良い頃合いだな、と思った時にボトルに詰め、出荷されます。

早飲みタイプとは、若いうちに飲んだほうがおいしいワインのこと。価格的にもお手頃で、スパークリング系、白ワイン、ロゼワイン、軽口赤ワインなど、新鮮な味わいが求められるワインは熟成向きではありませんので、購入したら早めに飲むことをお勧めします。

一方の熟成向きワインは、いわゆる高級ワインといわれるもの。力強い味わいのワインが多いです。そのワインが飲み頃を迎えた時に出荷され、店頭にお目見えします。その後も正しい保存管理をすることで、ワインによってはさらに熟成し、芳醇さを増すものもあります。飲み頃はワインショップの店員さんに相談することをお勧めします。

また、ワインボトルの底にある丸く大きなくぼみは、ワインの澱（おり）を沈殿させるため

にあります。この部分を「パント（キック・アップ）」といいますが、特に長く熟成された赤ワインは熟成過程で、渋み成分であるタンニンやポリフェノールなどが結晶化し、固まって澱になります。この澱が、口に含んだ時の違和感や風味を損ねてしまうため、澱を沈殿させるための「パント」があるのです。熟成向きのワインや、高級ワインほど、この澱があります。特に赤ワインのヴィンテージワインなどは、寝かせておくとボトルの側面に澱が溜まりますので、グラスに注ぐと澱も一緒に混ざってしまいます。その場合は、ボトルを立てて数日から数週間、澱を沈めることが必要です。レストランなどではその場で楽しむために、別の容器に移し替える「デキャンタージュ」で上澄みだけをグラスに注いでサービスをします。もし、口に含んでしまっても身体に影響はありませんので安心してください。

　また、ワインの質によってくぼみの深さも変わります。カジュアルワインや早飲み向きワインにはパントのないボトルが使用されていることもあります。

雑学

スクリューキャップのワインが安価とは限らない

今、ワインの世界はコルクではなく、スクリューキャップが急成長しています。世界のワイン販売本数170億本のうち40億本がスクリューキャップで、今後も増え続けていくでしょう。

理由は、簡単に手早く開けることができ、完全な密閉性があり、コルク臭がないことが利点だからです。

そもそもワインがコルク栓である理由は、天然素材のコルクは気密性が高く、弾力性があるためにワインの劣化を長期間防いでくれるから。そのために横に寝かせてコルク栓を湿った状態にするのです。しかし、数十年も寝かせて味わいを完成させるワインでない場合は、コルク栓である必要がない、という発想が1970年代に生まれました。実際、コルクの生産地であるポルトガルではコルクの木が年々減少傾向にあるため、現存のコルクの木を守ることも理由の一つです。また最近ではガラス製の栓など、新しいスタイルの栓も人気です。

現代のスクリューキャップワインは新しい感覚のワインといえるでしょう！

コルクを抜くのはワインを味わう前の楽しみでもあるのですが…。

WINE

ブドウ品種であなた好みのワインがわかる！

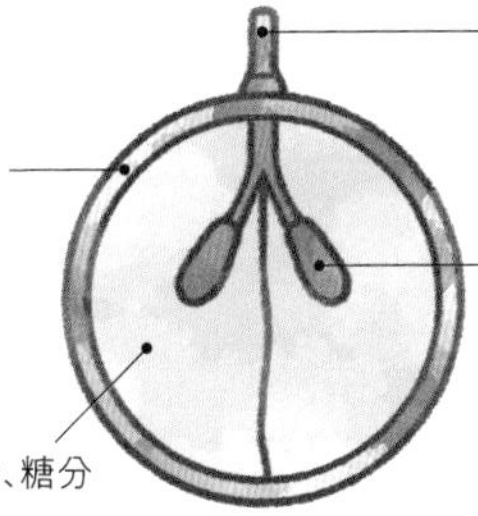

ワインは水も糖分も加えず、ブドウそのものを発酵して造る酒です。だからこそ、ブドウの味がそのままワインの味わいになる、と言っても過言ではありません。

ワイン用のブドウは、白ワインを造る果皮が黄緑の「白ブドウ」と、赤ワインを造る赤紫色の「黒ブドウ」に分けられます。

ブドウの実に含まれる成分は「水分・糖分・酸・タンニン・芳香成分」です。ブドウ品種とブドウが育つ気候や土壌によって、一粒の大きさ、果皮の色合いや厚み、甘みや酸味が違うので、様々なブドウ品種から様々な色合いや味わいのワインが誕生します。

自分好みの味わいは大抵ブドウ品種で決まります。

次ページにブドウごとの味わいの違いをまとめましたので、参考にしてくださいね。

果梗（かこう）
タンニン

果皮
タンニン、色素、アロマ（香り）

種
苦味のある油分、タンニン

果肉
水分（80%）、酸、糖分

白ワイン

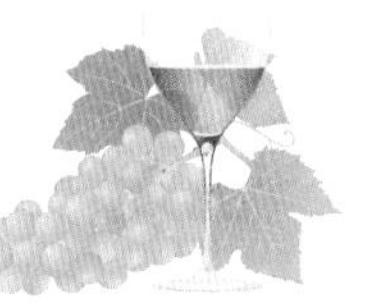

白ワインはブドウの果肉しか使いません。果肉に酸味が多い品種は、爽やかでスッキリした味わいになり、果実味が多い品種は風味豊かな味わいになります。

シャルドネ CHARDONNAY	辛口	果実味と酸味がしっかりとした力強い味わい
ソーヴィニヨン・ブラン SAUVIGNON-BLANC	辛口	キレの良い酸味が特徴でスッキリした味わい
セミヨン SÉMILLON	辛口・ 甘口・ 極甘口	ミネラルが豊富でやさしい香りと上品な味わい
リースリング RIESLING	辛口・ やや甘口・ 甘口	フルーティーな香りと酸味で飲み口がやさしい
ミュスカデ MUSCADET	辛口・ やや甘口	ジューシーかつフレッシュで繊細な味わい
ヴィオニエ VIOGNIER	辛口	果実の香りと果実味たっぷりのやさしい味わい
シュナンブラン CHENIN-BLANC	辛口・ 甘口	まろやかさの中にも爽快感を感じる味わい
甲州 KOSHU	辛口	瑞々(みずみず)しい香りとスッキリとした繊細な味わい

赤ワイン

赤ワインはブドウの果肉の他、種や果梗、果皮も一緒に発酵させるので、渋み(タンニン)を伴います。品種によってその特徴が表れます。

カベルネ・ソーヴィニヨン CABERNET-SAUVIGNON	渋み強い 色合い濃い	香り高く、パワフルで重厚感ある味わい
ピノ・ノワール PINOT-NOIR	渋み少ない 色合い薄い	華やかな香りとデリケートで繊細な味わい
メルロー MERLOT	渋み少ない 色合い やや濃い	穏やかな果実香とふくよかなやさしい味わい
シラー/シラーズ SYRAH/SHIRAZ	渋みほどよい 色合い やや濃い	ベリー系の香りと果実味あふれる味わい
サンジョヴェーゼ SANGIOVESE	渋みほどよい 色合い やや淡い	果実香とほどよい酸味と渋みのイタリア品種
ネッビオーロ NEBBIOLO	渋み強い 色合い濃厚	香り味わいとも複雑で濃厚なイタリア品種
テンプラニーリョ TEMPRANILLO	渋みやや強い 色合い やや濃い	若いうちは穏やかで熟成するほど芳醇さを増す
マスカット・ベーリーA MUSCAT・BAILEY-A	渋み少ない 色合い薄い	香り味わいとも控えめな飲みやすさ 日本原産品種

WINE

ここが知りたいワインのこと②
ワインボトルの形状で産地や味わいがわかる

どのエリアで造られたワインなのか、一瞬で見抜ける方法があります。それがボトルの形。

市販されているワインボトルの大半を占める形が、ボトルの肩が角ばっているいかり肩の「ボルドー型」と呼ばれる形と、ボトルの肩がなだらかになっているなで肩の「ブルゴーニュ型」です。フランス・ボルドー地方ではいかり肩のボトル、ブルゴーニュ地方ではなで肩のボトルと決まっています。

ほかにもアルザス型やプロヴァンス型など、ワインは地域性が重要視され、地域によって特徴が違うため、そのワインにとって最適な環境のボトル形状になっているのです。

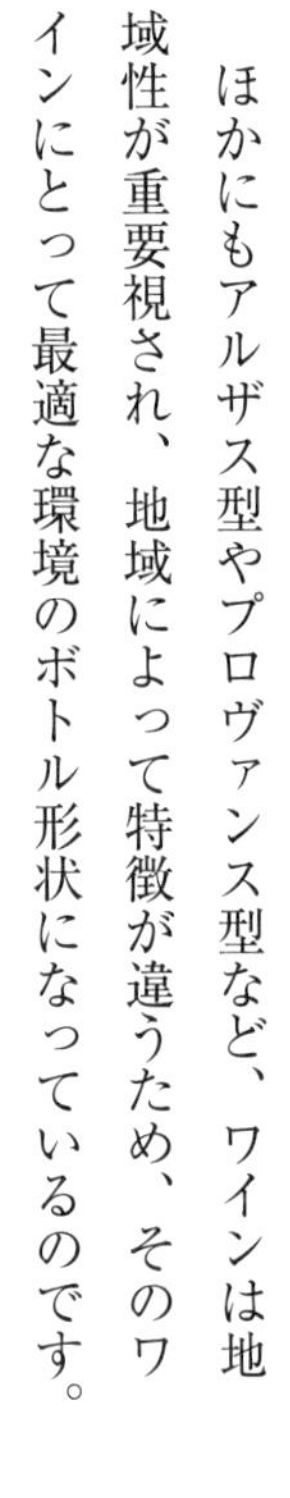

ドイツやオーストリア、フランス・アルザス地方では、なで型よりさらになだらかな形状の細長いボトルが多いですし、フランス・プロヴァンス地方やイタリアでは自由なボトルの形が多いのも特徴。

また、ドイツでは、ボトルの形状が同じでも、ボトルの色がライン川沿いでは茶色、モーゼル川沿いでは緑色と分かれています。地酒的要素が強いワインはボトルの形状で誇りを持って自分たちのワイン産地を証明しているのです。

ボトルの形でおよその味わいもわかったりします。赤ワインの場合、いかり肩のボトルの形は重厚なワインを造るブドウ品種が使われていることが多いため、しっかりとした味わいで、なで肩のボトルのワインの場合は、渋すぎず口当たりの良い上品な味わいの赤ワインが多いはずです。

白ワインの場合は、いかり肩のボトル形状は、スッキリとしたタイプが多く、なで肩のボトルは味わいのしっかりしたものが多いと思います。

ヴィンテージワイン（年代物）やオリジナルなど、例外もあり、必ずしもボトルの形状と味わいが結びつくわけではありませんが、選ぶ時の参考にしてください。

WINE

ここが知りたいワインのコト❸

赤ワインは常温、白ワインは冷やしては間違い？

よく「赤ワインは常温で」といわれていますが、その「常温」は日本ではなく、ヨーロッパの常温を指しています。欧州の常温は15℃前後。日本の常温は20℃前後ですので、日本の常温で飲む赤ワインは温度が少し高めになってしまいます。

一般的に赤ワインの飲み頃や保存温度は14～16℃が理想。ただし、同じ赤ワインでもブドウ品種や味わいのタイプによって飲み頃の温度も少し変わります。ワインは温度で香りの印象や感じる味わいがまったく異なるのです。

白ワインやシャンパンも同様です。重厚な白ワインは少し高めの温度のほうが深みある味わいが楽しめますし、キリッとした酸味が特徴の白ワインは、冷やすことによって、よりそのスッキリ感を味わえるのです。

ご家庭で楽しむ時はあまり難しく考えずに、飲む前に冷蔵庫で少し冷やすなど調整しながら、ご自身が「おいしい！」と思う温度帯で楽しんでくださいね。

ワインのおいしい温度帯

ワインのおいしさを引き出すポイントが温度です。
温度によって感じる味わいも変わってきます。
細かい温度にはこだわらず
「冷たい〜やや冷たい」の間で楽しんでみましょう。

赤ワインは、
温度が上がるにつれ
渋み(タンニン)が
やわらく感じます。

20℃

18〜20℃
日本の常温(ワインにはNG)

16〜18℃
力強い味わいの赤、ヴィンテージワイン

14〜16℃
欧州の常温

14〜16℃
果実味あるなめらかな赤

15℃

12〜14℃
コクのある重厚な白

12〜14℃
渋みの少ない軽やかな赤

10〜12℃
香りあるまろやかな白&ロゼ

10℃

8〜10℃
フルーティーな白

8〜10℃
フレッシュなロゼ

6〜8℃
すっきりした白、甘口の白&ロゼ

3〜6℃
冷蔵庫の温度

5℃

白ワインは、
冷やすことで
キリッとした酸味が
楽しめます。
温度が上がるにつれ、
香りと深みが
増してきます。

0℃

◎グラスに注ぐと温度は
上がっていきます。

WINE

ここが知りたいワインのコト④

肉に赤ワイン、魚に白ワイン。間違いって本当？

温度と同様に「肉には赤ワイン！」という呪文のようなフレーズもありますが、肉といっても牛肉、豚肉、鶏肉、ジビエなど様々です。しかもそれをどのように調理するか、どのような調味料で味つけするのかによって、味わいも違いますね。

同じ牛のヒレ肉でも濃厚なソースで仕上げたものは渋みのあるしっかりとした赤ワインが合いますが、醤油などで味つけした料理なら軽い赤ワイン、また、鶏肉のようなあっさりとした肉には、赤ワインよりも白ワインのほうが合いそうな気がしませんか？

白ワインも同様に、魚には白ワインといわれる方も多いのですが、同じ魚でも脂の乗った魚や、味つけによっては軽い赤ワインのほうがよく合います。

刺身でも酢で〆た生魚と脂の乗った大トロでは、まったく異なりますね。

大切なのは両者のバランスなのです。

また、日本ではレストランなどで最初から赤ワインを注文する方がいらっしゃいま

すが、食事をする際に最初からガツンと味わいの濃いものは食べません。コースメニューでも最初に出てくるのは、アミューズや生もの、サラダなどさっぱりしたものが多いと思います。

そうしたものにはやはり味わいのスッキリした白ワインのほうがよく合います。

食の素材だけでなく、調理法やソースによって白ワイン、赤ワインを合わせるのもワインの楽しみの一つです。

ワインは料理とのマリアージュが難しいと言われますが、ワインの温度や味わいのバランスさえ調整すれば大丈夫！

また、見た目が白っぽい料理には白ワイン。見た目が赤っぽい料理には赤ワイン。これも鉄則といえます。さらに料理の味のボリュームとワインの味わいの強弱とを組み合わせることや、ワインの生産国と料理の発祥地を合わせると素敵なマリアージュが楽しめます。

マリアージュとは結婚の意。ワインと料理の素敵な組み合わせは幸せを運んできます。

どんなワインを選ぶ?

白&ロゼワイン編

まず甘口か? 辛口か?
次に、味のボリュームが軽いか? 重いか?
その日の気分や料理に合わせて楽しんで!

味わい

甘 **ジューシーな甘口 やさしい飲み口**
ドイツ系甘めの白、ロゼダンジュ、ナイアガラ種

辛 **スッキリと爽やかに**
酸味のあるソーヴィニヨン・ブラン種、甲州種、リースリング種 など

辛 **華やかな香りのある辛口**
イタリア白、プロヴァンスのロゼ など

辛 **ほどよいコクの辛口**
若いブルゴーニュ産やボルドー産 など

辛 **しっかりした重厚感ある辛口**
樽熟成されたシャルドネ種、カリフォルニア産 など

お料理

スッキリタイプ **和食全般に合うのは?**
日本産甲州種、シャブリ、ドイツ系の辛口 など

華やかタイプ **サーモンや魚介類、甲殻類には?**
香り豊かな白やロゼ

熟成タイプ **クリーム系のお料理には?**
コクのある辛口の白、やや甘めの白

重厚タイプ **エスニックやスパイシーな料理には?**
コクのある白や極甘口の白

WHITE WINE

どんなワインを選ぶ?

赤ワイン編

○○ボディという言葉は赤ワインに使用することが多い!

ライトボディ	L	=色合いも渋みも軽い
ミディアムボディ	M	=ほど良い渋み
フルボディ	F	=色合いも渋みも重厚

味わい

L 渋くなく飲みやすい
若いピノ・ノワール種、日本産ワインなど

M まろやかでほど良い渋み
若いブルゴーニュやボルドー、豪州産など

M ジューシーな果実味のある赤
シラー種、グルナッシュ種など

F なめらかでコクのある赤
カベルネ・ソーヴィニヨン種など

F しっかりと重厚感のある赤
樽熟成されたボルドー、カリフォルニア産など

お料理

L 和食には?
ピノ・ノワール種、日本産ワイン
(お醤油の色に近いワインがベスト!)

L トマトソース料理、ハム、ソーセージには?
渋みの少ない赤

M ミートソース、焼肉には?
軽やかな赤、渋みの少ない赤

F ビーフシチュー、すき焼きには?
まろやかな赤〜重厚な赤

2016
Medium Red
WINE

雑学

食中毒を防ぎ、美容効果のある白ワイン！

赤ワインは“ポリフェノール効果があり、身体にいい”といわれていますが、実は白ワインにも驚くべき効用がたくさんあります。

赤ワインには渋みのもとであるブドウの果皮や種子も一緒に発酵させることにより豊富なポリフェノールが含まれます。

一方、ブドウ果汁だけを発酵させる白ワインは、ポリフェノール量は少ないものの、大腸菌、サルモネラ菌などによる食中毒を防ぐ殺菌効果が赤ワインの数倍もあります。これは、白ワインに豊富な有機酸が多く含まれているため。“生牡蠣(がき)に白ワイン”といわれる所以はまさにこれですね。

また、白ワインにはサラダボウル一皿と同じくらいのミネラル成分が豊富に含まれていますので美容効果もバッグンです！

白ワインは新陳代謝を促し、むくみを解消するカリウムや、骨粗鬆症を防ぐカルシウムとマグネシウムが同等に含まれる嬉しいワインなのです。

ワイナリー訪問記
「ブルゴーニュの畑にて」

私がまだ20代の頃、父のワインの買い付けに同行し、初めて訪れたワイン産地はフランスのブルゴーニュでした。現地醸造家の方が買い付けたワインのブドウ畑に連れて行ってくれたのですが、一区画ごとのブドウ畑に名前があり、その畑名がワイン名になることをその時初めて知りました。

父が「皆さんは素晴らしい醸造家ですね」と伝えたのですが、その方が「いいえ、私たちは優れた醸造家とは思っていない、ただのブドウ栽培農家です、良いブドウを作るのが仕事です」と答えたことを今でも鮮明に覚えています。

はじめは謙遜だと思っていましたが、後に本格的にワインを学ぶにつれ、その言葉の意味がわかるようになりました。「ワイン、それはブドウそのものから生まれるのだ」と。

WINE

ここが知りたいワインのコト⑤
飲み残しのワインをおいしく保存するには？

これはワインの種類と、ボトルに残っている量によっても違います。

基本的には栓をしっかりとし、冷蔵庫や冷暗所で保存すれば大丈夫です。

保存できる目安としては、たとえばボトルに半分くらい残っている場合、白ワインは2～3日、赤ワインは4～5日、冷蔵庫で保存していれば十分に楽しめる味わいです。この日数の差は、赤ワインにはタンニンという渋みのもととなる自然の保護成分があるのに対し、酸味を特徴とする白ワインは「酸化の速度が異なる」からです。また、ボトルに3分の1程度しか残っていない場合は、早めに飲んでしまいましょう。

ボトル内に閉じ込められたたくさんの空気で劣化が早まるからです。

どうしても気になる方は、瓶内の空気を抜き出すワインセーバーなどを使用してください。または、小瓶などに移し替えて空気に触れさせないようにしましょう。スパークリングワインなど泡のあるものは、炭酸ガスが抜けてしまうため、その日のうちに飲みきったほうが良いでしょう。

飲みきれない場合は、1日程度の保存に効果的なスパークリングワイン専用のストッパーもあります。

もし、冷蔵庫に保存したワインを忘れて日にちが経ってしまった場合は、ひと口飲んでみて、違和感を覚えるようなら料理に使ってしまいましょう。

抜栓していないワインをご家庭で保存する場合は、新聞紙に包み、できるだけ温度変化のない冷暗所が理想です。冷蔵庫の野菜室もいいですね。高級ワインを持つワイン通の方はワインセラーを持たれていると思いますが、個人的に楽しむのであれば野菜室で十分です。

ワイン保存器具　バキュヴァン

WINE

今、世界中でロゼワインが大人気！

ここ十数年、世界のワイン市場の中で最も急成長したワイン、それはロゼワインです。日本ではロゼワイン＝甘口と思われがちですが、それは日本に最初に入ってきたロゼワインがかなり甘いものだったから。世界のロゼワインのほとんどは辛口でスッキリとした味わいが多いのです。

１９７５～２０００年代は重厚な赤ワインが好まれる時代でしたが、２０００年以降は、スッキリと爽快感あるロゼワイン市場に移行し始めました。当時、パリのワインバーでなぜこんなにロゼが人気なのか？　と理由を聞いたことがあります。それは２０００年代前半から世界経済が落ち込み、金融経済にも暗い影を落としていた時期、せめて幸せの象徴としてのロゼワインで元気を出そうという試みから始まった、ということでした。

ロゼは夏のワインというイメージが定着していたワイン王国フランスでも日常的にロゼが飲まれるようになり、近年の消費量は30％アップとかつてない数字を叩き出しています。この傾向が世界中に広がり、年々消費量が増加しているのです。

何といっても最大の魅力はグラスに注がれた美しい色。グラスに注がれたロゼワインはテーブルを華やかに彩ります。幸せのワイン、おめでたい乾杯に欠かせないワイン、ジューシーな香りと爽やかな口当たりは、白ワインよりも味わいを楽しめ、重厚な赤ワインより軽快に味わえるワインとして消費者が求める時代を迎えたのです。ブドウ品種によって、淡くやさしいピンク、美しいサーモンピンク、鮮やかなピンクなど、同じロゼでも様々な色合いで楽しませてくれます。また、ロゼワインは野菜や魚、肉などいろいろな料理と楽しめますが、私は日本の和食に合うワインとしてロゼをお勧めしています。ぜひ、ロゼワインのおいしさに出合ってみませんか。

欧州
3大ワイン産地
の特徴

20州すべてでワインを持ち、明るく元気な味わいが楽しめる

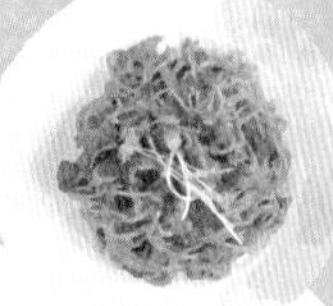

イタリア

生産量、出荷量ともに世界トップクラスのイタリアワインは欧州ワインのルーツです。ワインの神、バッカスがシチリアにワイン造りを伝授した、と伝えられているほど。フランスワインよりも歴史が古く、紀元前8000年頃からブドウ栽培が始まったといいます。イタリアワイン最大の特徴は、「国土の全部がワイン産地」だということ。国の全土がワイン産地であるのは世界でもイタリアだけです。長靴にたとえられるイタリアの地形は、温暖な地中海性気候と変化に富み、ブドウ栽培に最適で、20州それぞれの産地のバラエティ豊かな味わいを楽しめます。

フランス

ワインはフランスに始まりフランスに終わるといわれるほど、世界的に有名な産地。ブドウ栽培に恵まれた土壌は、北は冷涼なシャンパーニュ地方から南は地中海に面する温暖なプロヴァンス地方まで、国土全体で多種多様なワインを産出します。とりわけワインの女王・ボルドーとワインの王・ブルゴーニュは二大産地としても有名。

紀元前600年頃にギリシャ人がマルセイユ地域にブドウ栽培を伝えたことから始まりました。宗教と戦争の間を潜り抜け、ブドウ栽培にもっとも適した川沿いに広がる地域が今のフランスのワイン産地です。

スペイン

世界一のブドウ栽培面積を誇るスペイン。ブドウ栽培は、フランスやイタリアよりも古く、紀元前1100年頃には行われていましたが、複雑な歴史的背景に翻弄され、本格的なワイン造りが定着したのは、15世紀以降のことです。ブドウ品種は、テンプラニーリョなどの土着品種の他、外来種も積極的に取り入れ、多彩な品種の栽培を行っています。スペインワインの魅力は、コストパフォーマンスに優れたワインを多く産出していること。産地ごとの味わいのバリエーションを予算内で見つけることができるでしょう。

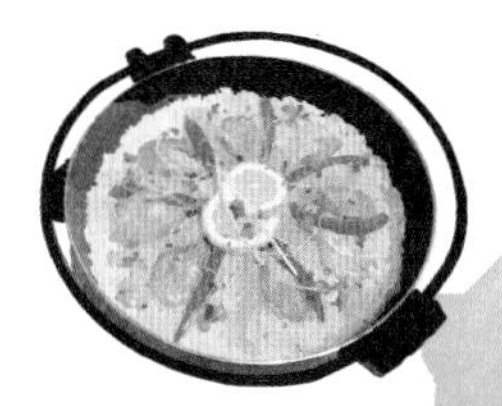

WINE

ワインの世界を広げたニューワールド

歴史がある欧州ワインに比べると、まだ歴史が浅いアメリカ合衆国や南米、オーストラリア、ニュージーランド、南アフリカなど、いわゆるニューワールドワインもここ30年くらいで大きく変貌(へんぼう)をとげ、欧州に負けない素晴らしいワインを世界に産出しています。

アメリカ合衆国では、ワシントン州やオレゴン州、ニューヨーク州などでもワイン造りをしていますが、全生産量の90％をカリフォルニア州が占めています。

中でもブティックワイナリーといわれる小規模な造り手は、最先端技術を用い、欧州ワインに匹敵する質の良いワインを次々と誕生させ、国際的に高い評価を得ています。欧州原産のブドウ品種が主ですが、カリフォルニアならではの個性的なワインが誕生し、ワインファンを魅了しています。

アルゼンチン、チリなどの南米ワインは、16世紀初頭、スペイン人宣教師がミサ用にブドウ栽培をして造ったのが始まりともいわれています。

これらの栽培地域は低温少雨のため病害が少なく、農薬を使用しなくても良質なブドウができることから、ワインの種類も多様化しています。価格も手頃なものから個性的な上質なものまで楽しめることも人気の一つでしょう。

南米と同じく広大な大地のオーストラリアですが、ブドウ栽培に適した比較的冷涼な地域である西海岸から南、南東側に生産地が分布しています。その広さは東西約3000キロ！　ワイン造りの歴史は200年余りと浅いものの、ブドウ栽培に適した環境から、安定した質の高いワインを多く産出しています。

雑学

シラーとシラーズは違う？

南仏を原産とする黒ブドウ品種「シラー（SYRAH）」はその飲みやすさで人気がありますが、もう一つ「シラーズ（SHIRAZ）」というオーストラリアのブドウ品種があります。

新大陸に欧州から持ち込まれたシラー種は、オーストラリアの気候と土壌に見事に適応し、独自の進化を遂げました。南仏の渋みのあるシラーとはまたひと味違い、さっぱりした心地良い飲み口の赤ワインになるので、現在はオーストラリア、ニュージーランドでも赤ワインの主力ブドウ品種として人気を集めています。

いま注目の地中海ワイン

アルジェリアワイン
（ベンシカオ地域）
【グリ・ダルジェリ ロゼ】

ギリシャ、クロアチア、アルジェリア、モルドバ、ルーマニアなど、黒海沿岸や地中海沿岸はワイン発祥地でもあり、素晴らしいワイン産地でもあります。

温暖な地中海性気候はブドウ栽培に適しており、地中海に浮かぶ島々には支配地からブドウが持ち込まれ、ワイン栽培が盛んになりました。赤、白、ロゼ問わず、魅力的なワインがたくさんあり、私も出合うたびにそのおいしさに驚いています。

ワイン好きな方への贈り物にもきっと喜ばれることでしょう。

クロアチアワイン（ダルマチア地方）
【ディンガッチ・プラヴァツ・マリ】

ギリシャワイン（サントリーニ島）
【ドメーヌ シガラス サントリーニ アシルティコ】

雑学

ワインの名に「シャトー」や「ドメーヌ」ってつくのはなぜ？

「Château シャトー○○」や「Domaine ドメーヌ○○」というワイン名を見聞きすると思います。これらはワイン生産者の造り手につくもので、生産される地域によってその呼び方が異なります。

シャトーもドメーヌもフランスワインの場合ですが、フランスのボルドー地方では、城を意味する「シャトー」、ブルゴーニュ地方では所有者を意味する「ドメーヌ」となります。どちらも自社でブドウ畑を所有し、ブドウ栽培から瓶詰めまですべて自分たちで行う生産者を指しています。

シャンパーニュでは家を意味する「メゾン」、スペインでは醸造所や生産者を意味する「ボデガ」、英語圏では「ワイナリー」になります。

ボルドーにあるシャトー

WINE

国産ワインと日本ワインの大きな違い

最近、日本ワインという言葉を多く見聞きするようになってきました。「日本ワイン」は、日本国内で収穫されたブドウのみを原料にしたワインのことをいいます。一方の「国産ワイン」とは、日本国内で瓶詰めされたすべてのワインを指します。

日本ワインの生産県№1は山梨県ですが、国産ワインの生産県№1はどこだと思いますか？　実は、神奈川県です。

その理由は神奈川県横浜付近にある大手メーカーの工場で海外からのブドウ果汁や濃縮還元ジュースなどをブレンドして瓶詰めされる国産ワインが多いからです。

実際に2018年度の国税庁の資料によると、国内製造のワインのうち「日本ワイン」の生産量はその20％にすぎません。要は、日本国内で製造、いや、瓶詰めされているワインの80％は海外のグレープマスト（発酵する直前の発酵原料）やブドウジュースが原料なのです。残念ながら、スーパーやコンビニなどで販売されている紙パックやプラスチックボトルに入っているワインはほぼこういったワインです。バックラベルを見れば確認できます。

これはワイン大国であるフランスワインやイタリアワインでは考えられないこと。ではなぜ日本はそうなってしまったのでしょうか？　それは日本でワイン市場が急速に広がってゆくものの、日本国内で生産されるワイン用ブドウが少なかったため、海外から輸入したワインやブドウ果汁などのブレンドに頼るしかなかったのです。

また、当時の日本にはブドウの原産地やブドウ品種、醸造方法などの定義を定めた法律は一切ありませんでした。あくまでも国税庁が管理する「酒税」を基準にした酒税法や、酒類の公正競争規約で定められた事項のみが存在していたのです。

そのため国産ワインと表記されているものの、中身が100%国産のものは少なく、あったとしても生産量が少ない国内産ブドウから造るため、本物の日本産ワインは価格も高いものが多かったのです。

ついに本物の「日本ワイン」の時代がきた！

そこで、ついに2018年に施行された国税庁の「果実酒等の製法品質表示基準」において、国産ぶどうのみを原料とする果実酒には【日本ワイン】という表示ができることとなりました。今後は、輸入原料を使用したワインについてはその旨をラベルに明記しなければならないと定められたのです。そしてラベルなどの移行期間を経て２０１８年10月30日から【日本ワイン】という言葉が正式にお目見えしたのです。さらに、①ブドウを収穫した地域の名前を記載する際にはその地域で収穫したブドウを85%以上使用しなければならない、②ブドウの品種名をラベルに記載する場合には、その品種は85%以上使用しなければならない、③年号を記載する場合には収穫した年号のブドウを85%以上使用しなければならない、というように世界各国のワイン法に近い法律がようやく定められたのです。

　ひと昔前までは日本の地理的条件では良質なワイン用のブドウを栽培することは難しいとされてきましたが、現在は多くの醸造家や研究者による土壌改良や品種改良等によって、日本の土壌に合った日本ならではの良質なブドウが生産されています。

　というのは、２００３年にスタートした構造改革特区制度により、地方でのワイナ

リー創業が容易になったことや、2009年の農地法改正で自社畑の所有が容易になり、ブドウ栽培から手がける醸造家が急増したことによります。国内の小規模ワイナリーはここ数年で増え続け、2019年の国税庁資料によると、現在国内に331ものワイナリーが存在しています。

GI Hokkaido

日本ワインのラベルに描かれているGIってどんな意味？

日本産のワインラベルに、最近「GI」の表示が多くなってきました。このGI（ジーアイ）とは「地理的表示（Geographical Indication）保護制度」といい、農水省が認めた地理的表示を独占的に名乗れる新しい制度です。

規定をクリアした高品質であることはもちろん、社会的にも評価され、商品の産地と本質的なつながりのある場合に、その地域名を独占的に名乗れるとして2015年に施行されました。たとえば食品では、神戸ビーフや夕張メロン、八丁味噌などがあります。酒類の分野でも国税庁によるGI協定に基づいたものが名乗れることになりました。ワインにおいては、山梨県と北海道が最初に認定、続々と増えてきています。世界に誇れる日本ワイン。ぜひ多くの方に味わっていただきたいと思います。

column

酸化防止剤について知っていただきたいこと

ワインのバックラベルに表記されている「酸化防止剤（亜硫酸塩）」の文字に過剰反応される方が多いのは事実です。なかには防腐剤と間違われる方もいらっしゃいます。

ワインには「酸化防止剤＝ＳＯ２（二酸化硫黄）」が添加されています。ＳＯ２がワインに使用されたのはワインが繁栄した古代ローマから。その証（あかし）に、紀元前のエジプトの遺跡で発見されたワイン醸造に使用していた容器には殺菌のために硫黄を燃やしたとされる痕跡も発見されています。

［酸化防止剤を添加する理由］

❶ 発酵時の過剰な酸化や腐敗を防ぐ殺菌効果

❷ ボトルの中に残る酵母の働きを抑え、酸化を守る

❸ 輸送中や保存中に起こる酸化による劣化を防ぐ

ブドウ果汁だけから造られるワインには、自然界の様々な野生酵母が入り込みいたずらをすることがあります。このいたずらの一つが酸化です。

酸化すればワインは酸っぱくなってしまう、この酸化を防いでくれる重要な役割をするのが亜硫酸塩。すなわち酸化を防ぐ立役者なのです。また亜硫酸塩は酸化を防ぐとともに腐敗防止効果もあります。

しかしながら、日本では「酸化防止剤無添加のワイン」なるものが大量生産され、安価で販売されています。これは酸化防止をしなくても良い、加熱されたブドウ果汁や濃縮還元ブドウジュースを大量に使用しているからです。そういったワインはバックラベルの原料表示を確かめてみてください。濃縮還元果汁や熱処理された濃縮果汁との表記があるはずです。

これらはここまでご紹介してきたワインとはまったくの別物であることは明白です。もちろん、本来のワイン果汁から生み出されるおいしい味わいはありませんし、料理に使うことにもお勧めできません。

酸化防止剤の量は規定以下に守られています。醸造家は極力少ない添加物をワインを守るために使用しています。ワインをおいしく保つために必要不可欠なものであることはぜひ理解していただきたいのです。

WINE

おうちで楽しむワインカクテル

- 白ワイン＋炭酸⇩ワインスプリッツァー
- 白ワイン＋ジンジャーエールにレモンを搾る⇩オペレーター
- 白（赤）＋オレンジジュース⇩ワインクーラー
- 赤ワイン＋炭酸⇩スプリッツァー・ルージュ
- 赤ワイン＋ジンジャーエール⇩キティ
- 赤ワイン＋コーラ⇩カリモーチョ

究極のワインカクテル「サングリア」

カジュアルワインに好きなフルーツをカットして漬け込むだけ！ 大きなボウルでも大きなグラスでも自由なスタイルで！ ホームパーティに大人気です。白でも赤でも自由です。漬け込んだフルーツも楽しめます！

SPARKLING WINE

第3章

スパークリングワイン

泡のある発泡性ワインを総称して
「スパークリング·ワイン」といいます。
人生の節目の大切なお祝いや勝利の祝杯に欠かせない
「シャンパン」をはじめ、クリスマスや特別な日だけでなく、
今は日常的にも楽しむスパークリングワイン。
近年では業界用語で「泡」と表現されるほど
身近なものとなっています。
美しい泡がグラスに立ち昇ると、
誰もが幸せな気分になりますね。
本場フランスをはじめ、イタリア、スペイン、
ドイツ、オーストラリアなど世界各国でそれぞれの
伝統的な製法に基づき造られている、魅力的なスパークリング
ワインが世界中で楽しまれています。

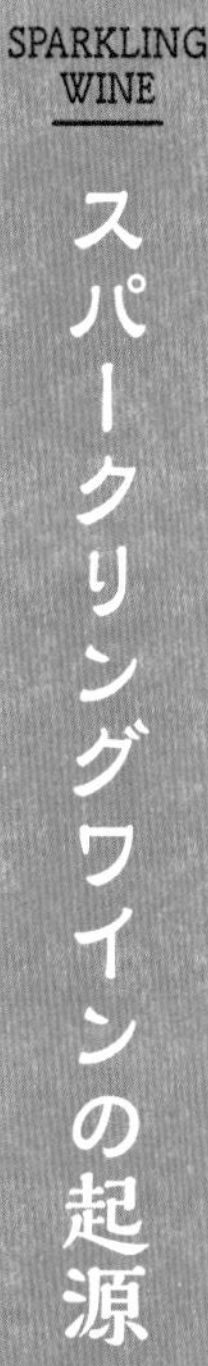

泡入りワインについての最古の記述は、522年の文献にあります。まだ発酵の原理について解明されていない時代、ワインから泡が吹き出すという奇妙な現象は欠陥品という認識だったようです。

フランスにおいての発泡性ワインは、1516年には南仏ラングドック地方で生産されていたことがわかっています。当時は自然の現象が重なり、意図せず偶然にワインが発泡したと考えられていました。それから100年以上を経た1680年頃、人々を魅了させる「シャンパン」が誕生します。

世界中の数あるスパークリングワインの一つが「シャンパン」です。

シャンパンは、フランス最北部のワイン産地・シャンパーニュ地方のシャンパーニュ製法で造られ、スパークリングワインのなかでも別格の扱いになります。

シャンパーニュ地方では4世紀頃にローマ人によってブドウが持ち込まれ、泡のないワインが造られていました。古代フランスはローマ陣営に支配されており、「シャンパーニュ」の地名は、平原を意味するローマ語の「カンパーニュ（Champagne）」であることからも伺い知れます。ただ、このシャンパーニュの地はフランスのブドウ栽培地でも北限にあるため、この冷涼な地で非発泡性ワインを造ることは厳しい状況でした。何世紀にも渡るシャンパーニュ地方の人々の研究により、泡入りワインが造られたのです。この泡入りワインはイギリス人に評判となり、貴族の酒、出征前の景気づけの祝杯に欠かせないものとなりました。

17世紀後半のシャンパンは発泡性のある甘口のワインとして親しまれていましたが、イギリス人が好む辛口にこだわったことから、19世紀以降に現在親しまれているような辛口タイプが主流となります。シャンパンをはじめ、世界各国では、その土地のブドウや伝統製法を生かしたスパークリングワイン造りが大きく拡大しています。

スパークリングワインは英語圏で使われている言葉ですが、シャンパーニュと同じ製法のスペインのカヴァなど、各国それぞれの呼び名や、地域性のある特別な呼び名があります。また、スパークリングワインよりもガス圧を弱くした微発泡ワインはソフトな口当たりが好評で近年人気が高くなっています。

世界のスパークリングワインの呼び名と種類

英語圏 **スパークリングワイン**

日本、アメリカ、
オーストラリア、チリ他

フランス **ヴァン・ムスー**

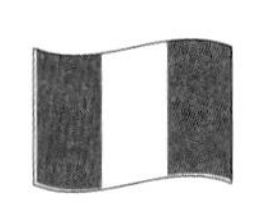

シャンパーニュ（シャンパーニュ地方）
クレマン＋地域名
（クレマン・ド・ブルゴーニュ他）
ペティアン（微発泡）

イタリア **スプマンテ**

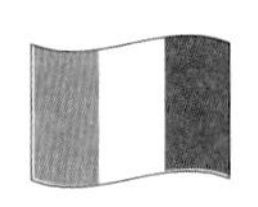

プロセッコ（ヴェネト州）
フランチャコルタ（ロンバルディア州）
ブラケット・ダックイ（ピエモンテ州）
ランブルスコ（天然弱発泡）
フリッツァンテ（微発泡）

スペイン **エスプモーソ**

カヴァ（カタルーニャ地方）

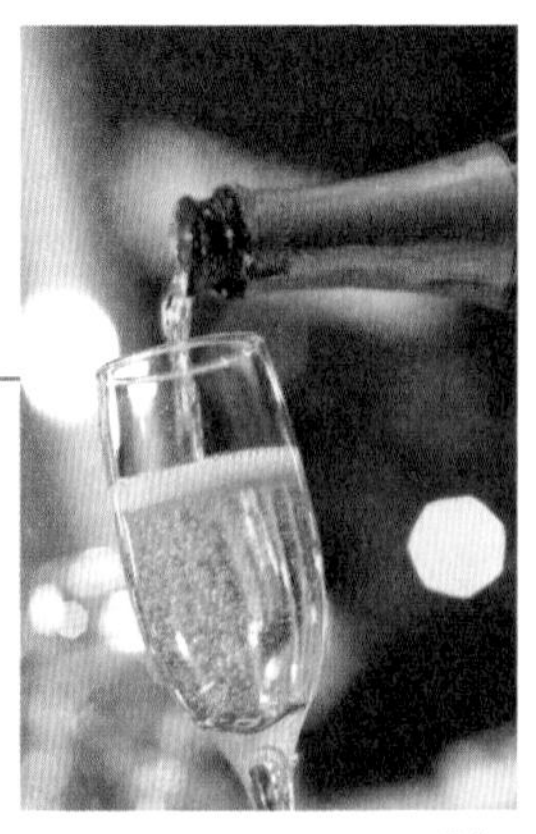

ドイツ **シャウムヴァイン**

ゼクト
ペルルヴァイン（微発泡）

SPARKLING WINE

シャンパンについて

華やかでリッチなイメージを持つ「シャンパン」は、ラベルに必ず「CHAMPAGNE」と表記され、現地フランスはもちろん、世界的に特別扱いされています。特にモエ・エ・シャンドン、ヴーヴ・クリコ、ポメリーなどは有名なブランドとして知られています。

２０１５年、シャンパーニュ地方のブドウ畑、造り手のメゾン（ワイナリー）、地下のセラーがユネスコの世界遺産に登録されました。ルイ14世もナポレオンもチャーチルも、そしてオードリー・ヘップバーンもマリリン・モンローも愛飲したシャンパン。現在でも年間約2億本が生産されるシャンパンは祝杯のシンボルとして世界中で愛飲されています。

「シャンパーニュ」というのが正式な名称で「シャンパン」という呼び方は日本独自

のカタカナ用語で、英語圏では「シャンペン」といいます。どちらも間違いではないのですが、産地名の「シャンパーニュ」がA.O.C.（原産地呼称）として指定されています。

ラベルに「CHAMPAGNE」と記載できるものにはフランスのワイン法で多くの規制があります。たとえば、シャンパーニュ地方の特定区画で収穫されたブドウしか使用できない、ブドウは指定された品種のみ、160キロのブドウから得る搾汁の量は102リットルまで、収穫はすべて手摘みで行うこと、伝統的製法の瓶内二次発酵によって造られること、アルコール度数や規定の瓶内熟成期間など、多くの項目をクリアしなければなりません。

シャンパーニュ地方の生産者は様々な規定と製法を守り、シャンパンの名声を守るために何百年も前から自ら品質を守る努力を続けてきました。

EUとなった現在でもEUワイン法においてシャンパンは他のスパークリングワインとは別格の特別な存在と認められています。

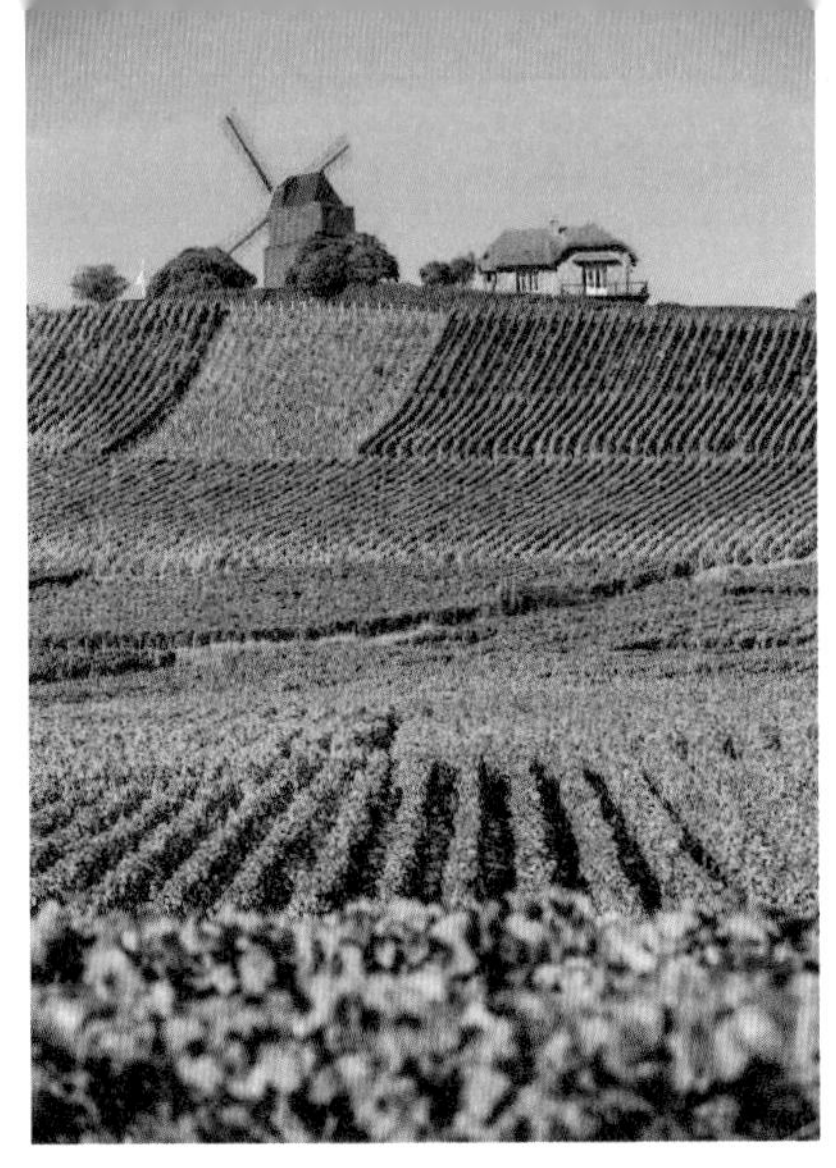

シャンパーニュの
ブドウ畑

SPARKLING WINE

シャンパンのできるまで

まず、ブドウ果汁を発酵させて、白ワインを造ります（98ページ参照）。この状態は、一次発酵したスティルワイン（非発泡）です。次にヴィンテージ違いの白ワインを調合して、基本の味を決め、瓶に詰めます。そこへ酵母と糖分を加えることで、自然と瓶の中で2回目のアルコール発酵が行われるのです。これを「瓶内二次発酵」または「シャンパーニュ方式」といい、シャンパンは必ずこの方式で造られます。発酵させる容器としては一番小さく、大変手間のかかるものです。瓶を逆さまに寝かせ、澱（おり）を集めた部分を除去し、少なくなった分をベースの白ワインで補塡（ほてん）し、甘さ加減は砂糖リキュールで調整します。シャンパンはこれらすべてが手作業で行われます。

多くのスパークリングワインは、タンクの中で二次発酵させる方法や、炭酸ガス注入方式など様々な方法を用いますが、スパークリングワインでもこのシャンパーニュ方式で造るものもあります。

1 収穫したブドウを潰しブドウジュースにする（圧搾）
※白ワイン製法と同様

2 ブドウの糖分と酵母で自然に発酵、白ワインの誕生（一次発酵）

3 異なる年の白ワインをブレンドし、ベースワインを造る
（アッサンブラージュP100）

4 3を瓶に詰め、酵母と糖分を混合させた
リキュールを加える［リキュール·ド·ティラージュ］（瓶詰め）

5 4によってアルコール発酵が自然と始まる（瓶内二次発酵）

6 瓶底に溜まった澱を取り除き、減った分を補いながら甘さを
調整する（澱抜き·補糖·糖度調整·ドサージュP117）

SPARKLING WINE

シャンパンに使用できるブドウ3品種

【シャルドネ】
【ピノ・ノワール】
【ピノ・ムニエ】

正式にはこのほかにも4品種のブドウの使用も認められていますが、この3品種が主で、シャンパーニュ全体のブドウ栽培面積の99％以上を占めています。これらで造った白ワインの様々な年のものを調合し、ベースを造ります。

通常、ピノ・ノワールとピノ・ムニエは巨峰のような果皮の黒ブドウ品種なので赤ワイン用のブドウですが、シャンパーニュでは果皮は使用せず、果汁のみで白ワインを造り、シャンパンが誕生します。

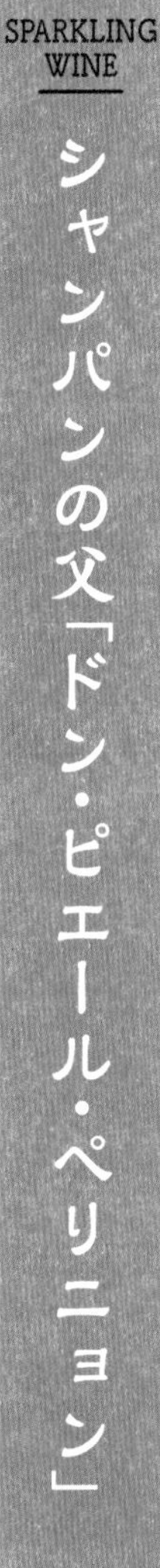

シャンパンの父「ドン・ピエール・ペリニョン」

今も変わらず人気のシャンパンですが、自然界の偶然が生む工程を確立させ、さらにおいしい味わいを安定的に造るシャンパン製法を生み出したのはある修道士でした。ピエール・ペリニヨン氏はベネディクト派の修道士でした。ピエール氏は19歳の時にシャンパーニュ地方エペルネーのオーヴィレール修道院に身を寄せます。欧州では古くから修道院でミサのためのワインやビールを造っていました。

オーヴィレール修道院もワインを造っており、ピエール氏はエペルネー地域のブドウを集めワインを造り、収穫年の違うワインをブレンドしながら、より質の高いワイン造りに専念するようになります。これがのちにシャンパーニュの神髄となる混合方法「アッサンブラージュ」です。

ピエール氏は、このブレンド方法とワインから吹き出す泡をボトルの中に閉じ込める製法を確立させ、さらにはブドウ畑の土壌の改良や、黒ブドウから白ワインを造る方法、泡の気圧に耐えるためのボトル造りまで47年もの月日をかけ、亡くなるまで

モエ・エ・シャンドン社のドン・ペリニヨン像

シャンパンについて研究しました。以来、シャンパーニュでは次々に製法技術が向上し、瞬く間に世界中で人気になり、多くの人に愛される泡のワインになったのです。ピエール氏の功績が現代のシャンパンを生んだといっても過言ではありません。

column

「ドンペリ」と、略語で使われることが多いのですが、正式名は「Dom Pérignon ドンペリニヨン」、フランス・シャンパーニュのモエ・エ・シャンドン社が造るシャンパンの銘柄です。シャンパンの父、「ピエール・ペリニヨン」から命名されました。「ドン」という高貴な敬称がついているのも、ピエール氏への敬意の証（あかし）です。

彼が一生を捧げた修道院とそのブドウ畑を所有したモエ・エ・シャンドン社が、「ドンペリニヨン」の商標権を得ていたことから、1921年ヴィンテージを1936年に「ドンペリニヨン」として初めて発売したのがドンペリ誕生の由来です。

ヴィンテージ

ノンヴィンテージ（NV）

SPARKLING WINE

ノン・ヴィンテージとヴィンテージ

シャンパンのなかでも年号が入った「ヴィンテージ・シャンパン」は特別なものです。

通常のシャンパンは、「ノン・ヴィンテージ（NV）」といって年号が書かれていることはありませんが、シャンパンに年号が入っている場合、その年に収穫したブドウのみを使っている、という意味で特別なシャンパンになります。

フランス語のヴィンテージは「ミレジメ（Millesime）」なので、ミレジメ・シャンパーニュともいいます。

なぜ通常のシャンパンには年号がないのでしょうか？

それは、前項でお話ししたように、シャンパンの造り方そのものが、収穫年の違うブドウで造られた白ワインをブレンド（アッサンブラージュ）して基本の味わいを生み出す製法だからです。このブレンドこそが、シャンパンの味わいを決める重要な第一ステージなのです。

では、なぜわざわざブレンドするのでしょうか？

シャンパーニュ地方はフランスのワイン産地で最も北限に位置するため、栽培条件が厳しい土地でもあります。しかも天候や気温に左右されがちで、ブドウの作柄に毎年バラつきが出てしまいます。そこで何世紀も前からシャンパーニュでは優れたワインを造るために様々な工夫を凝らしてきましたが、一定の品質を保つために生み出されたのがドン・ピエール・ペリニヨン氏が生み出したブレンド方法なのです。

たとえば「A」というブランドは、いつでも同じクオリティを保っていなければなりません。何年か分の味わいの異なる白ワインを微妙にブレンドし、毎年味わいを均一化させます。これは、人間の味覚による高度なブレンド技術が重要です。

こうして造られたものがシャンパンの主流ですが、「年号」が記載されているヴィンテージの場合、それはブドウの出来が良く、素晴らしいワインになる！　と確信された収穫年のみに造られる特別なシャンパンなのです。

ゆえに毎年必ずヴィンテージ・シャンパンが造られるというわけではありません。

そういった意味でもヴィンテージは、特別なものなのです。

先に紹介した「ドンペリ」もそうですし、幻のシャンパンと呼ばれる「サロン」はこの100年の間に37回しか造られませんでした。近年では2002年、2008年、2015年、2018年がグレートヴィンテージでしたが、現時点で2008年産までしかリリースされていません。なぜならヴィンテージ・シャンパンは3年以上熟成しなければいけない、という規程があるからです。しかも、サロンは10年程度の瓶内熟成をさせます。

また、ブドウが優れた年で造った白ワインは「リザーブワイン」といい、どのメゾンでもストックをしておく義務もあります。これはブドウの出来が良くなかった年のために補填する役割を持つからです。

素晴らしいリザーブワインをどのくらい保有しているかが素晴らしいシャンパン誕生のカギになるのです。

100年で37回しか造られていない「サロン」

希少なロゼシャンパン

シャンパンのなかでもヴィンテージ同様に高級といわれるのが「ロゼ」です。「バラ色」の意味を持ち、淡いピンク色に輝くロゼシャンパンはお値段もグンと高くなります。

シャンパン全体からすると、このロゼの割合はわずか12％ほどしかありません。なぜならば、より品質の高いブドウが必要なのと、製法がとても難しいから。

ロゼシャンパンの造り方は造り手によって異なりますが、漬け込む時間やブドウ品種、加える赤ワインの割合によって、サーモンピンクや桜色、淡いルビーのような色など、様々なロゼ色が誕生します。シャンパンのなかでもわずかしか造られない特別なロゼ。プレゼントには最適ですが、たまには自分へのご褒美ね！　と、ロゼシャンパンを楽しんだり、人生最高の日に開けるというのもお祝い事に彩をそえることができますね。

SPARKLING WINE

シャンパンの泡は消えない？

グラスに注がれたシャンパンは、「真珠のネックレス」と称される気泡を作り、グラスを舞い踊ります。この泡を見ているだけでも幸せな気分になりますね！

ここで質の良いスパークリングワインかどうかを簡単に見分ける方法をお伝えします。


グラスに注がれた泡をじっくり観察してください。

気泡がまっすぐに立ち昇るものは品質も状態も良く、いつまで経っても泡が消えることなく、同じ大きさの気泡がグラスの底からまっすぐに立ち上がります。反対に、まっすぐに気泡が上がらない場合は、品質や管理状態に問題があるか、グラスが汚れているなどの理由が考えられます。実際、シャンパンの泡はなかなか消えませんが、安価なスパークリングワインの泡はすぐに消えてしまいます。

以前シャンパーニュを訪れた時に聞いた印象深い言葉があります。

「シャンパーニュの泡が消えないのは、この泡が永遠にあなたの幸せを祝福している

のよ！　たくさんの泡はその幸せを永遠につなぐことを約束しているわ」と。

無数に立ち昇る美しい真珠のネックレスの意味は永遠の幸せを祝福している！

だからこそ、シャンパンはお祝いに欠かせないのですね。

シャンパンは五感で楽しむものといわれます。

ポンッと開けた時、そしてグラスに注がれる時の「音を聞いて」、注がれたシャンパンの色合いと気泡の様子を「見て」、グラスを口に近づけた時の優雅な「香り」を楽しみ、ひと口含んだ時の爽やかでなめらかな「口当たりと喉越し」、そしてそれらがすべて重なり合って心身から湧き出る「喜びと笑顔」。五感すべてで感じる。これこそがシャンパンの最大の魅力なのだと思います。

雑学

泡を保つためにシャンパングラスの底にわざとすることとは？

シャンパングラスに注がれたシャンパンからまっすぐに立ち昇る無数の泡。優雅で何とも美しく、目でも楽しませてくれます。シャンパンの特別なおいしさは、この泡にあるといっても過言ではありません。

実はさらにきれいな泡が立ち昇るための秘密がシャンパングラスにも隠されているのです。

それはグラス内側の底にわざと付けられた「キズ」。

ボトルに閉じ込められた炭酸は自然に生まれたもので、きめ細やかな泡であるほどシャンパンのおいしさが増します。そのためにグラスの底にキズを付け、泡立ちを促すのです。

シャンパーニュ地方のアルデンヌ大学では、グラスに付けるキズを研究し、“シャンパンが一番おいしくなる泡のためには30個のキズを付ける、すると毎秒300個の泡が立ち昇る”と分析したそうです！

天使の拍手と天使のささやき

発泡性ワインを開栓する時、「ポンッ」と音を立てて勢いよく開ける場合と、静かにそっと開ける場合と２通りあります。両者とも間違いではありませんが、意味合いが異なります。

前者はとっても嬉しいお祝い事で、仲間や家族とワイワイ楽しみながら開ける時。勢い良く開けると「ポンッ」と元気良く弾けた音を発します。この音が「天使の拍手」です。F1グランプリなどではさらに「シャンパン・ファイト」といって、わざわざボトルを振って壇上から泡を派手に振りかけますね。大拍手が沸きます！

後者は、レストランなどで高価なシャンパンを抜栓する時。ソムリエができるだけ音を立てないように、ゆっくりとコルクを回しながら緩め、ボトルの中のデリケートな泡を驚かせないように静かにゆっくりとガスを抜きながら、最後に「シュッ」と小さな音を出して開けます。この音のことを「天使のささやき」や「天使のため息」といいます。皆が固唾（かたず）を呑んで見守る中、天使がニッコリと微笑むようですね。

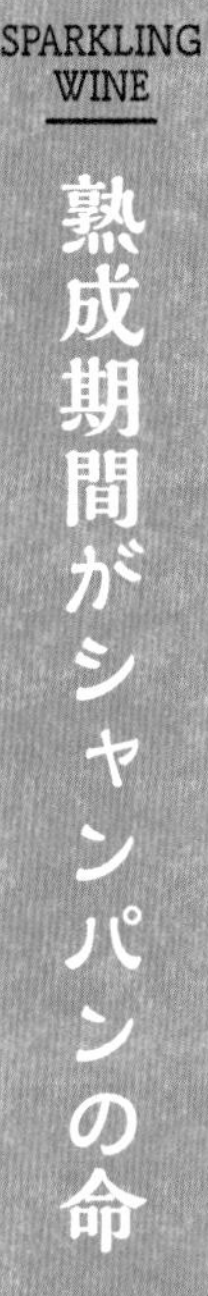

熟成期間がシャンパンの命

１０４ページでヴィンテージ・シャンパンは、３年以上熟成しなければならない、と説明しましたが、最高峰のクラスになると6~7年も熟成させるものもあります。また、通常のノンヴィンテージでも15カ月の熟成期間が義務づけられています。この熟成期間にシャンパン特有のおいしさを醸し出してくれるのです。

熟成させる貯蔵庫を「カーヴ」といいますが、どのメゾンでも低温に保つために地下に作られています。現地シャンパーニュで見学に行くと、このカーヴを案内してくれますが、実際に見てびっくりするのはその広さです。

大手メゾンは何千万本というシャンパンを何年も寝かせるのですから、それなりの規模が必要です。ドンペリの眠るモエ・エ・シャンドン社のカーヴは、地下10~30メートルに全長28キロの廊下があり、まるで迷路のよう。ひんやりとした薄暗いカーヴでシャンパンがその出荷を待っている光景はなんとも厳かな雰囲気があります。

Champagne DEUTZのメゾンとカーヴ

SPARKLING WINE

シャンパン&スパークリングワインの素敵な楽しみ方

1 グラスを選ぶ

シャンパンやスパークリングワインを楽しむ時のグラスは、カジュアルなパーティなどで乾杯するような浅い形をしたクープ（ソーサー）型と呼ばれるものと、フルート型と呼ばれる細長い形があります。クープ型は口径が広いので、注ぎやすく、こぼれにくい理由からパーティなどで使用されます。

後者の細長く口径が小さいフルート型にも意味があります。炭酸ガスの揮発（きはつ）を最小限にするため&泡立ちを良くするため、そして泡を目で楽しむためです。

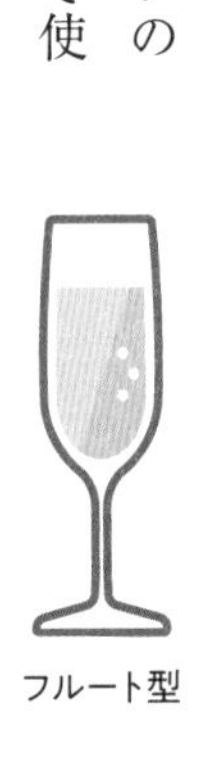
フルート型

クープ型

2 おいしい温度で味わう

白ワイン同様に冷やしますが、最適な温度帯は8〜10℃くらいです。冷やし過ぎてしまうと、味わいの感覚がなくなり、せっかくの香りも楽しめなくなってしまいます。10℃以上になると、爽やかな口当たりを感じず重くなってしまいます。そのために、シャンパンクーラーを用意して常に冷やしておくのです。

すぐにボトルを冷やしたい時は、氷と水を入れたシャンパンクーラーで15〜20分くらい冷やすと、ちょうど良い温度帯になります。

通常のワインボトルは1分で1℃冷えますが、スパークリングワインはガス圧があるため、ボトルに厚みがあります。この厚みの分少し時間がかかります。冷蔵庫で冷やす場合は3〜4時間以上しっかり冷やしましょう。絶対にNGなのは、急速冷蔵のために冷凍庫に入れること。味わいも泡の出方も悪くなります。

3 購入したシャンパンはすぐに飲んで！

しっかりと熟成されたシャンパンは、よし、今だ！ と見極めた時に出荷されます。最高の状態で出荷されていますので、ご自宅でさらに熟成させる必要はありません。できるだけ低温保存をして、早めにいただいてくださいね。

4 シャンパンの乾杯の仕方にご注意を！

乾杯は嬉しい時のもの。グラスを合わせ、カチンと音を立て、大きな声で乾杯！としたくなりますが、それは家族や気心知れた仲間たちとご自宅でだけに留めておいてください！

レストランなどでの正式なマナーでいうと、ワイングラスを含めてこの行為はNGです。特に、シャンパングラスはクリスタルの高級なものが多く、グラスを合わせた時にキズが付いてしまうからです。

正式な乾杯の作法は、胸の前あたりでグラスを持ち、乾杯の発声で目の上の高さくらいまで掲げます。

グラスを合わせたい時は、近づける程度。どうしても合わせたい時は静かに音

雑学

シャンパンボトルは2キロある？

ワインボトルに比べてシャンパンやスパークリングワインのボトルは厚みがあり、2キロ近い重さになります。これは泡もののボトル内に閉じ込められている炭酸ガスの気圧が高いからです。シャンパンのような瓶内二次発酵で造られるものは20℃の時に5～5.5気圧、タンク内発酵では3～4.5気圧、炭酸ガス注入方式では2.8～3.8気圧あります。この気圧に耐え得るべくスパークリングワインのボトルには厚みが必要なので、重さがあるのです。

を立てないくらいの感じで。これはあくまで正式な場所でのお話しなので、ご自宅や気軽な場所ではグラスにキズを付けない程度で楽しく乾杯してくださいね。

5 購入する時の注意点「正規品か並行輸入品か」

高価なシャンパンを選ぶ時に気を付けていただきたいことが一つあります。そのシャンパンが正規品か並行輸入品かどうかです。

正規品は、フランスの製造元から正規代理店に指定されている業者が正規ルートで輸入したもので、輸入の際は空輸便などで徹底した温度管理と品質管理をしています。一方の並行輸入品は仲介業者などを介しているため、輸入の経路や管理体制が明確ではありません。このため、輸送費が削られ、安価で販売されているのです。

それでなくてもデリケートな性質のシャンパンです。品質管理で味わいが大きく変化してしまいます。特にシャンパン好きな方にプレゼントなどで選ぶ場合は要注意。正規品のほうが安心といえるでしょう。

理由なく安価で販売されている場合は輸入並行品と考えて良いでしょう。

どんなスパークリングワイン&シャンパンを選ぶ?

スパークリングワインやシャンパンの味わいは
ブドウ品種や製法によって甘口から辛口まで様々。
味のタイプがラベルに表記されているものが多く、わかりやすい!

スパークリングワイン

世界各国で生産されています。ほとんどは辛口タイプ(ブリュット[Brut])ですが、ブドウ品種により甘口に仕上がるものもあります。

シャンパン

シャンパンは最後に加える砂糖リキュールの量で味わいを調整し、ラベルに表示しています。なかでも辛口を意味する[Brut]を多く見かけると思いますが、甘口シャンパンはやさしい味わいで心地良く楽しめます。

雑学

シャンパンの甘口と辛口を決める「門出のリキュール」

ワインの場合はブドウ品種によって甘口辛口がほぼ決まりますが、シャンパンの場合は最後に加える甘みで決まります。シャンパンの製造工程では出荷前のコルク栓を打つ最終段階で蔗糖(しょとう)の甘いリキュールを加えます。この時の添加量の調整で甘口にも中口にも辛口にもなるのです。この作業はドサージュといい「門出のリキュール」と呼ばれています。

ラベルは次のように表記されているので、ワインよりも味わいがわかりやすいのです。

辛口を意味するBrutの表記はスパークリングワインにも多く表記されています。

ラベルに記載されているシャンパンの味わいと
添加する蔗糖リキュールの分量

超辛口	Brut Nature(ブリュット・ナチュール)	0g/L
	Extra Brut(エクストラ・ブリュット)	0～6g/L
辛口	Brut(ブリュット)	12g/L以下
やや辛口	Extra sec(エクストラ・セック)	12～17g/L
やや甘口	Sec(セック)	17～32g/L
甘口	Demi Sec(ドゥミ・セック)	32～50g/L
極甘口	Doux(ドゥー)	50g/L以上

雑学

シャンパンにも
一番搾りと二番搾りがある

高価なシャンパンの価格帯は、造り手の規模やブドウ原価の他に、希少性のあるものなどで大きく異なりますが、価格を左右する大きな理由がほかにもあります。

それは、ずばりブドウ果汁の違いです。シャンパンは、原料であるブドウを2回に分けて搾ります。規定として4000キロのブドウから最大 2550ℓまで果汁を搾ることが許されています。

最初に搾るのは2050ℓのみ。これを「キュヴェ（一番搾り）」といいます。次に残りの500ℓを搾ります。これを「タイユ（二番搾り）」といいます。この時点でブドウ果汁の値段が断然違ってくるのです。

もちろん一番搾りのほうが香りも高く、ジューシーでフレッシュ。この一番搾りだけで造られるシャンパンはお値段も少し高くなります。だからといって二番搾りがダメなわけではありません。一番搾りに比べたら少し品質は劣るものの、お手頃なシャンパンとして美しい泡で私たちを楽しませてくれます。

SAKE

第4章

日本酒

「悪酔いする酒」など、ダークなイメージが
強かった日本酒ですが、それはひと昔前のこと。
この30年間で日本酒を取り巻く様々な環境が
変わり始めました。
日本酒のソムリエ“唎酒師(ききざけし)”が誕生し、
フルーティーで飲みやすい日本酒が女性に人気となりました。
また、冷蔵での流通や冷酒での飲酒スタイルが日常化し、
個性ある味わいや、斬新でお洒落なラベルが登場し、
飲酒層も若い世代にまで広がっています。
世界の酒と比べても素晴らしい魅力がたくさん詰まった
日本酒の世界をご案内したいと思います。

SAKE

米の酒は「口噛み酒」から「どぶろく」へ

日本ではすでに縄文期に、山ぶどうや木の実を発酵した酒（のようなもの）を造っていたと伝えられています。まだ「発酵」という概念のない時代から、先人たちは自然界で生まれた偶然の「発酵」によってできた産物と出合っていたのです。

弥生時代中期には人口も増え、集落ができ、農耕が栄え、稲作が全国各地に広がる中、「米」はたいへん貴重なものとして、農作物の恵みに感謝し、神様に捧げるものとなりました。神饌（しんせん）として捧げるものは、米や餅、米の酒、とすべて「米」が共通されているのも頷けると思います。

当時はまだまだ米が貴重なものであったことから主食になるのはまだ先のことですが、神様に捧げるための米の酒として、日本酒の歴史は始まります。

冒頭のアルコール発酵の仕方で解説した通り、日本酒は「麹（こうじ）」を使い、酵素の力で米のデンプンを糖に変え、発酵を促して造りますが、これは、奈良時代に大陸から麹を用いる製法が伝わって以降のことです。では、麹を使用する以前はどのように発酵を促していたのでしょうか？

ご存じの方も多いかと思いますが、人間の唾液を使って造られていました。こうして造られた酒は「口噛み酒」として伝えられています。

その「口噛み酒」が映画『君の名は。』のなかで登場したことは記憶に新しいかと思います。神事の中で巫女の三葉ちゃんが口の中でお米を噛んで吐き出すあのシーンです。

実際に、巫女さんの役目であったこの「口噛み酒」が米から造った最初の酒で、神事に欠かせないものとして神社で造られていました。

やがて米の酒は「麹」を使って発酵させた"白濁した酒"に進化します。これが後の「どぶろく（濁酒）」です。米の酒は、700年頃の『古事記』や『日本書紀』には「ミワ」「ササ」「ミキ」などと記され、各地で酒造りが広がっていたことがわかります。当時の米の酒は白く濁ったトロトロとしたものであったはずです。

なぜなら、現在のような透明な日本酒は、白濁した米の酒を「濾す」という工程（１２５ページ参照）が確立されてからです。

神様への酒は、やがて平安時代には朝廷での年中行事や宴に欠かせない酒となります。

戦国時代に酒造りが形成され、江戸時代には、酒蔵の数も２万７０００軒となるほど発展し、広く民衆に広がりました。

日本の大切な農作物である「米」の酒は、家庭でも造られるようになり、「どぶろく」として長きにわたり愛される酒になりました。どぶろくは現代の日本酒の原点ともいえるでしょう。

雑学

どぶろくこそ真の地酒

古来より神に捧げられていた白い酒は、農家や民家で日常的に造る米の飲み物「どぶろく」として、時には農作業の合間の癒しに、時には夕飯とともに、親しまれるようになりました。明治32年の酒税法改正によって家庭で造ることが禁止されて以降、約100年もの間、密造酒的な酒としてのイメージがついてしまいましたが、現代になり「どぶろく特区」制度を用いた地域ならではのどぶろくや、若手醸造家が斬新な感覚で醸すどぶろくが誕生し、話題を呼んでいます。

地酒的要素が十分にあるその土地の米と麹を原料に、少量生産される手造りの伝統どぶろくと新時代のクラフトどぶろく。

米の栄養素と、麹による生きた酵母のパワーを余すところなく摂取できる「どぶろく」は、免疫力を高め、健康と美容にバツグンの効果を発揮します。

どぶろく情報発信サイト
どぶらぶDOBU-LOVE
https://dobu-love.com/

SAKE

日本酒はどうやって造られる？

麹造り　　画像提供　賀茂鶴酒造

日本酒の原料は米と水、そして米麹（こめこうじ）です。そして、何より日本酒は人の手の温もりまでも必要として造られる酒だということを知っておいてください。

まず、蒸した米に麹菌（種もやし）を繁殖させて米麹を造ります。この麹菌とは、いわば生きた微生物。手のひらの温度を用いながら蒸米に麹菌をつけてゆく麹造りはとても大切な作業で、熟練の技が必要です。目に見えない微生物の働きによって生まれた米麹は、蒸米と水と合わさった時に「米のデンプンを糖分に変えてアルコール発酵を促す」という重要な役割をするのです。そして、約3～4カ月をかけて、まず最初の新酒ができあがります。その後の工程のなかで、様々なタイプの日本酒が誕生します。

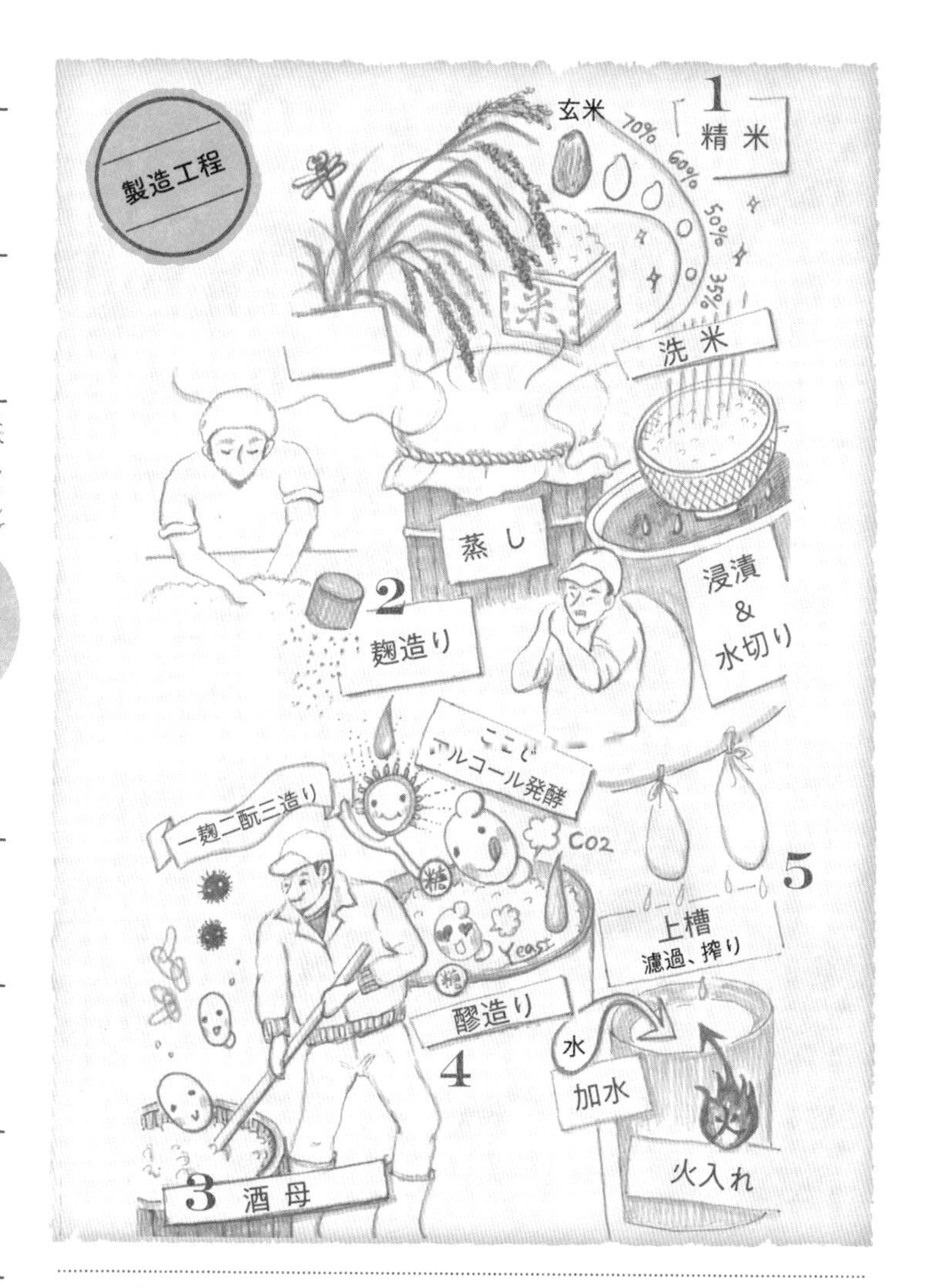

1　原料米の準備(精米・洗米・浸漬・水切り・蒸し)

2　蒸米に麹の種もやしをつけ米麹を造る麹造り(製麹)

3　酒の基となる「酛」を造る(酒母造り)

4　酒母、米、米麹、水を段階を踏みながらタンクに入れる(醪造り)
このタンクの中で約2週間かけてアルコール発酵が行われる

5　発酵を終えた醪をしぼり、酒と酒粕に分ける(上槽)

SAKE

世界中の注目を集めている日本酒

今、世界中で日本酒が注目を浴びています。

健康志向から発酵食品が注目され、和食が発酵食品中心の伝統的な食文化としてユネスコ無形文化遺産に登録されたことをきっかけに日本食ブームが起こり、海外にも和食レストランが増加しました。同時に日本酒の輸出量も年々増加、特にアジアでは輸入単価も上がっていることから、上質な日本酒の輸出量が増加していることがわかります。さらには海外で日本酒を造る企業も増加しています。アメリカ、カナダ、フランス、イギリス、スペインなど様々な地域で「ＳＡＫＥ」が造られ、楽しまれています。なぜそんなに人気なのでしょうか?

日本酒は１２８ページ以降でお話しするように、心と身体にやさしく、繊細で上品な味わいも評価を得ています。そう遠くない未来、世界の食卓で、ワインが楽しまれているのと同じように、日本酒が世界の食卓に当たり前のように並んでいるのではないでしょうか。

また日本国内で日本酒醸造に携わる外国人が増えてきました。

イギリス生まれのフィリップ・ハーパー氏は英語教師として来日した際、日本酒に魅せられ、酒蔵で勉強をし、杜氏（とうじ）の資格を取得、現在は京都の木下酒造で杜氏を務め、数々の受賞酒を誕生させています。

近年話題になったのは、あの高級シャンパン〝ドンペリ〟、その5代目最高醸造責任者を務めたリシャール・ジェフロワ氏が造る日本酒です。

彼はドンペリのPRで日本を訪れた際に日本酒の魅力にはまり、ついにはフランスを離れ日本に移り住み、「自分の人生の最後は、日本酒造りにかけたい、それは日本でなければならない」と富山県立山を自らの酒造りの拠点にし、シャンパン製法で培った技術を日本酒に取り入れました。日本酒には未知の可能性がある、と確信して。

先日は、京都の酒蔵さんで酒造りの勉強に来日している外国の方とも出会いました。

このように、全国各地で外国人蔵人（くらびと）さんが日本酒ラブの心で酒造りに奮闘されています。とっても嬉しいことですね。

飲用温度の表現例

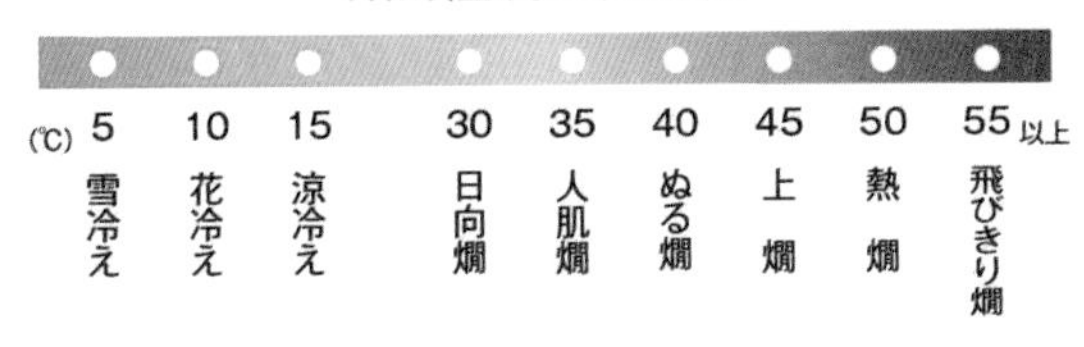

温度による味の変化

冷やす ⟷ 温める

冷やす		温める
爽やかになる（閉じる）	香り	ふくよかになる（広がる）
スッキリとする、引き締まる	飲み口	まろやかになる
キレよく、ドライに感じられる	味わい	甘味、旨味成分が広がる

1 飲用温度の幅広さで楽しめる酒

冷やしてスッキリとした味わいの「冷酒」、常温で本来の旨みを味わいを楽しむ「ひや」、温めてやさしい味わいを楽しむ「お燗」など、日本酒はどの温度帯でも楽しめる不思議な酒です。

このようにすべての温度帯で楽しめる酒は他にありません。しかもそれぞれの温度帯で日本酒の味わいが変わります。

お好みの温度帯で、お好みの味わいを楽しめるのも日本酒の大きな魅力です。

雑学

日本酒の「ひや」は冷たくない？

「ひや」は常温を指す日本酒詞で、日本の常温とされる20度前後の温度帯です。江戸時代に書かれた貝原益軒の健康読本『養生訓』に「酒は夏冬月も人肌ほどに温めて飲むべし、冷酒は胃を悪くし血液をへらす」との教えで、温めた燗酒は身体に負担をかけない飲み方として主流でした。冷蔵庫などない当時は「温めずにそのままで」という常温の状態を「ひや」としたのです。冷蔵管理が可能な現代は冷やした酒を「冷酒」といいます。『親父の小言と冷酒は後で効く』とは江戸時代後期に書かれた格言『親父の小言』の一つですが、酒は燗して飲みなさいという教えも含まれていたのでしょうか。

漫才で日本酒の素晴らしさを伝える

日本酒のきき酒師の漫才師「にほんしゅ」

あさやん・北井一彰

未来へ向けニッポンの酒を啓蒙したい！
造り手の想いをたくさんの人に伝えたい！
日本酒でたくさんの人を笑顔にしたい！

酒屋で修行しながら唎酒師や日本酒学講師、国際唎酒師などの資格を取得。現在は日本酒にまつわるイベントで酒漫才の披露や司会、日本酒講座など全国各地で多岐に渡る活動をしています。また雑誌やWEBなど各種メディアにも出演し、日本酒のおいしさ、楽しさを伝えています。

公式サイト

雑学

ぬる燗は身体にやさしい飲み方です

日本酒を温めることで冷やではわかりにくい複雑な味わいを引き出すことができ、旨みや甘みや辛みを感じやすくなります。さらに体温に近い温度帯での飲酒はアルコール分解もスムーズになり、身体にとってとてもやさしい飲み方なのです。ぬる燗の目安は、熱いと感じない程度です。燗酒向きの日本酒を選んで様々なお燗の温度で味わうのも楽しいですね！

おいしい燗酒のつけ方

❶ 徳利(とっくり)の括(くび)れたところまで注ぐ（酒は温まると膨らむため口切いっぱいまで注ぐのはNG）

❷ 鍋に徳利の肩までつかるくらいの水を入れ、沸騰させてから火を止める

❸ 火を止めた状態で❶を入れ、好みの温度まで温める

❹ 徐々に徳利の口まで酒が膨らんできたらできあがり（十分に膨らんだ状態が熱燗のサイン）

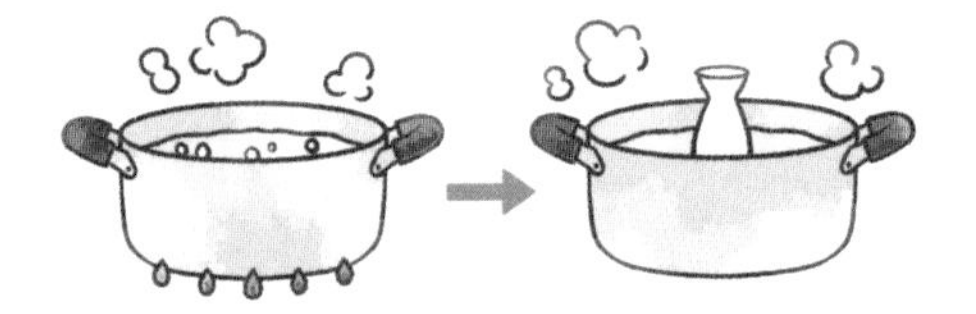

一合瓶のミニボトルは開栓してそのまま湯せんにつけることもできます。

2 麹パワーで身体とお肌と心にやさしい酒

近年私たちの身体に好影響をもたらす「麹」パワーが話題になっていますが、日本酒にも米麹を原料とするゆえの豊富なアミノ酸類が多く含まれています。日本酒から作られる化粧品なども多くあるのがその証拠。メラニン色素を抑制する美肌効果、保湿保温効果もバツグンで、リラックス効果や癒し効果もあるなど、嬉しい効用がたくさんあります。さらに、日本酒は身体を冷やしません。私自身の化粧水は自分が飲む「純米酒」を使っています。世界の酒の中で心身に一番やさしい酒。これも日本酒の大きな魅力です。

3 秋のひやおろしなど、四季折々の味わいが楽しめる！

日本酒は、春夏秋冬それぞれの味わいを楽しめるのも最大の魅力です。秋に収穫された米で造られる日本酒、早いものでは約3カ月で新酒が誕生します。冬の始まりには味わいフレッシュで元気いっぱいの「新酒」ができあがり、春先には新酒のフレッシュさが少し落ち着き、滓（おり）がほのかに残る「春」ならではの味わいになり、夏には味わいにパワーをつけた「夏の生酒」となり、秋には少し大人びた落ち着

日本酒風呂でお肌もツルツルに

少しぬるめのお湯にコップ2～3杯程度の日本酒(純米酒がお勧め)を入れ、ゆっくりと温まってください。老廃物が排出され、お肌がツルツル&しっとりとします。血行促進効果で新陳代謝が良くなり、デトックス効果もバツグンです。アルコールに弱い方はまず1杯程度から試してみてください。また化粧水のように直接お肌につければ、保湿効果や美肌効果も期待できます。最初はベタベタと感じますが、すぐにお肌になじんでしっとりします。

きのある「ひやおろし」の味わいに変化します。

四季折々の食材とともにその季節ならではの日本酒を楽しめるのはとても嬉しいですね。

こうして1年かけて成長した味わいは、秋の終わりに熱処理をされ、通常の商品として棚に並びます。

こんな風に四季折々の味わいが楽しめるのも世界の酒のなかで日本酒だけなのです。

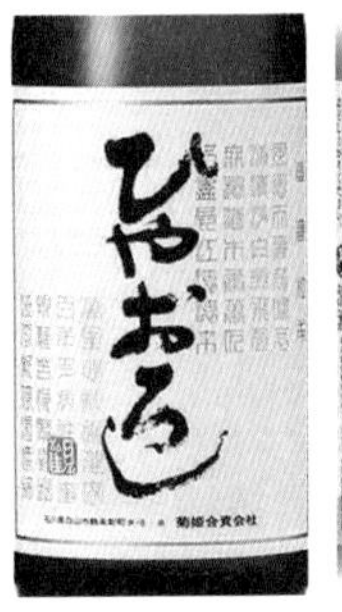

日本酒の1年と四季の味わい

5月・6月	田植え
7月	酒造年度開始
8月	酒造りに向けて蔵の準備開始
9月	新米の収穫

10月	前年に仕込んだ酒を火入れして出荷	
11月	酒造りの開始	季節の酒は火入れをしていない、もしくは一度火入れなので冷蔵管理されています。
12月～3月頃		

1月	冬の酒	しぼりたて・新酒	できたての搾ったばかりのフレッシュな味わいが楽しめる冬酒
2月			
3月			
4月	春の酒	うすにごり・おりがらみ	冬に搾った酒の澱が沈み、やさしい香りと味わいが楽しめる春酒
5月			
6月	夏の酒	夏の生酒・無濾過生原酒	冬に仕込んだ味わいが成長して酸味や旨味がのってきた元気な夏酒
7月			
8月			
9月	秋の酒	ひやおろし・秋あがり	タンクの中でさらに熟成されてなめらかな味わいに成長した秋酒
10月			
11月			

SAKE

気分で選べる日本酒
今日はどんな酒を楽しみますか？

日本酒ってラベルを見てもよくわからないし、どういうものを選べばいいかわからない……という相談をよく受けます。

最近はラベルに味わいやその酒に合う肴や料理などを記載する蔵も出てきましたが、記載のないものがほとんどだと思います。

ここからは日本酒をどう選べばいいのか、そのポイントをご紹介します。次ページにはひと目でわかる日本酒の味わいの違いをまとめました。次項以降の解説とあわせて読んでいただき、あなたにぴったりの1本を見つけていただけたら嬉しいです。

ちなみに、日本酒の味わい方は自由。少し濃いなと思ったら氷を入れたり、水を少し足してみたり、炭酸で割ってみたり。また、レモンなどの柑橘系やアイスクリームを足して飲むのもあり！　あなたの気分で楽しんでくださいね。

どんな日本酒を選ぶ？

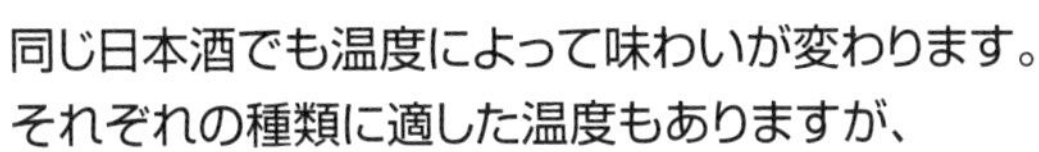

同じ日本酒でも温度によって味わいが変わります。
それぞれの種類に適した温度もありますが、
決まりはないので自分の好きなスタイルで楽しむことが一番です。
購入時にお勧めの温度を聞いみるのも良いですね!

SAKE

日本酒を選んでみよう
特定名称酒ってなに?

日本酒は【特定名称酒】【普通酒】のどちらかです。

では、特定名称酒とはどんな酒でしょうか。それは【本醸造】【純米】【吟醸】という文字のいずれかが、表示されている、またはこれらに「特別」や「大」という記載のある日本酒を総称して【特定名称酒】といい、左表のように原料や米の精米歩合、醸造アルコール等の要件などが明確なものです。この表示がなく、特定名称の規定から外れたものを総称して【普通酒】といいます。ちなみに、海外輸出されている日本酒のほとんどは特定名称酒です。

本醸造とは? 規定以内の少しの醸造アルコールを加え、すっきりとした味わいに仕上げる日本酒。

純米酒とは? 米と米麹と水だけで造られる本来の日本酒。米の香りと旨み甘みを持つ日本酒の王道。

吟醸酒とは? より精米した白米を用い、低温で1ヵ月ほどゆっくり時間をかけて発酵させる吟醸造りという製法で造られる日本酒。より吟味され丁寧に造られる吟醸造りは、フルーティーな香りとなめらかな口当たりが特徴。

特定名称酒の表示基準

	ラベル記載名称	お米の精米歩合	使用原料	醸造アルコール
本醸造	本醸造	70%以下	米麹(15%以上)	規定量以内で添加可能
	特別本醸造	60%以下		
純米	純米	規定なし		添加なし
	特別純米	60%以下		
吟醸	吟醸	60%以下	米麹(15%以上)	規定量以内で添加可能
	大吟醸	50%以下		
	純米吟醸	60%以下		添加なし
	純米大吟醸	50%以下		

- 「特別」がつくものは酒米の精米歩合の違いによるもので、よりよく精米したものに「特別」をつけ区別されています。より精米をすることによって"雑味を少なくする"ことが目的なので、精米歩合の差で区別しています。
- 特定名称酒という言葉が登場したのは、平成元年以降でそれまでの日本酒は「級別制度」があり「特級・一級・二級」という形で酒税の税率の違いで形成されていました。

雑学

精米歩合ってなに？

私たちが普段食べている飯米の精米歩合は90〜95％ですが、特定名称の規定は70％以下〜50％以下に定められています。米を半分近く削ってしまうなんて本当に贅沢ですが、削ったものは中糠（表皮内側から10〜20％）、上糠（表皮内側から20〜30％）といい、お煎餅や和菓子などに米粉として利用しています。35％磨きなど、低精米の酒も流行っていますが、50％の精米でも十分に雑味はなくなると思います。現在、純米酒の規定には精米歩合の規定がないため、90％、80％精米の純米酒など、本来の米の旨みを感じられる酒として人気上昇中です。

ここまで削るのに
なんと72時間も
かかる！

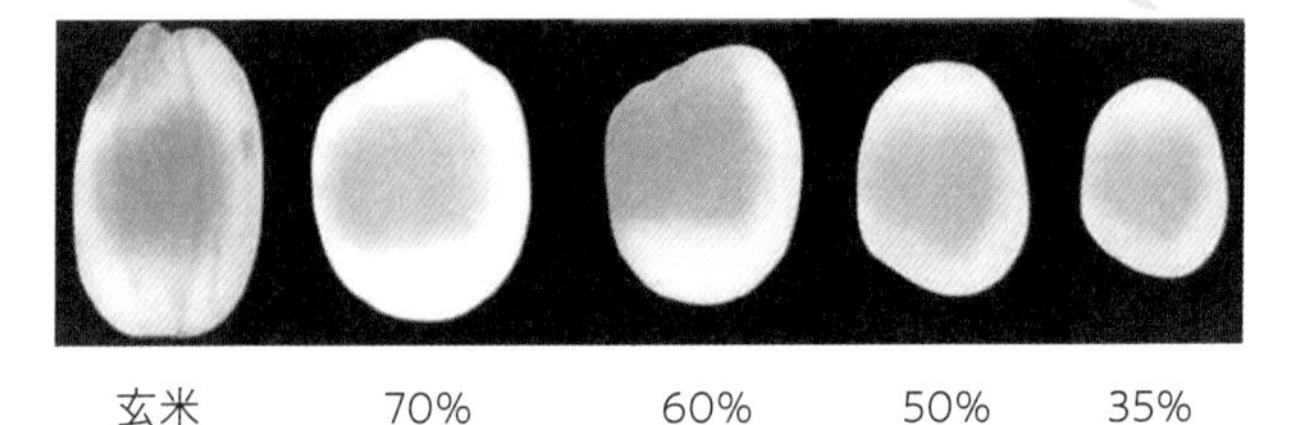

精米歩合 →

column

流行や時代に媚びることのない銘酒蔵

清酒発祥の地・奈良県。『古事記』や『日本書記』にも記され、酒造の神様「大神(おおみわ)神社」が鎮座します。その奥深く、桜で有名な吉野に230年以上もの歴史を持ち、銘酒〔猩々(しょうじょう)〕を醸す「北村酒造」があります。

北村酒造さんとの出合いは30年前。頑なまでに伝統的な醸造にこだわり、酒米にこだわるその姿勢に感銘を受け、当店の推奨酒として販売、多くのお客様を魅了しています。

〝酒造りは造り手の想いや真心がこもり、雫(しずく)となる〟この造り手の想いを飲み手に伝えるのが我々酒販店です。流行りの味わいを造るのではなく、酒造りの基本を大切にする北村酒造さんの想いと味わい。これからも真心こめてうるわしの銘酒を伝えてゆきたいと思います。

左）著者との企画酒。北村家で代々襲名される「宗四郎」を酒名にした「五年古酒 純米大吟醸　宗四郎」
右）蔵の地下道で20年間分寝かせている「VINTAGE Syou-jyou」

北村酒造株式会社
奈良県吉野郡吉野町上市172の1

SAKE

生酒、原酒、無濾過生原酒っていったいなに？

特定名称名以外にも生酒、無濾過生原酒など、日本酒には様々な「肩書き」がついているので、難しいイメージがあるかもしれません。これは、製造工程が関係しています。

発酵が終わった酒は液体と酒粕に分けられます。この時点ではできたての「原酒」という状態。そこから生きている酵母の働きを止める、「火入れ」という熱処理や濾過をして貯蔵されますが、その製造工程中でどのような処理をしたか？　で表示が変わります。

火入れをしない「生酒」はフレッシュな味わいを楽しむために冷やして飲んだり、加水をしない「原酒」は力強い味わいを楽しむためにロックにしたりなど、その味わいで飲み方も変わってきます。

無濾過生原酒（むろかなまげんしゅ）は、火入れや濾過、加水を一切しない、すっぴんの酒、フレッシュながらしっかりとした味わいを楽しむことができます。

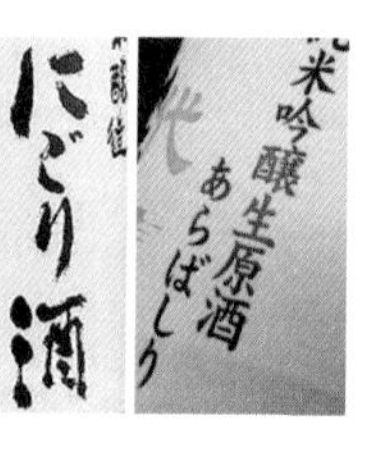

日本酒の名前いろいろ

どんな処理をするかで表示が変わる!

新酒できあがり原酒

工程	生詰 ひやおろし	生貯蔵	生酒	一般的な日本酒	無濾過生原酒	原酒／無加水	生原酒
濾過	○	○	○	濾過	×	○	○
火入れ	○	×	×	火入れ	×	○	×
貯蔵	○	○	○	貯蔵	△	○	○
加水	○	○	○	加水	×	×	×
濾過	○	○	○	濾過	×	○	○
火入れ	×	○	×	火入れ	×	○	×
出荷	出荷	出荷	出荷	出荷	出荷	出荷	出荷
	要冷蔵				要冷蔵		要冷蔵
	夏の間にゆっくり寝かせ、出荷直前の火入れをしない。秋口にしか味わえない	出荷直前に一度火入れをするため、生酒より多少品質管理しやすい	一切の火入れをしない、生きたままのフレッシュな味わい	通常2回火入れをする。冷蔵保存の必要はない	一切の処理をしない、貯蔵するものとしないものがある	加水しないため、アルコール度数が高く、しっかりとした味わい	火入れをしない、かつ加水をしない。フレッシュで力強い味わい

SAKE

山廃とか生酛ってなに？

伝統の生酛仕込の山卸作業（長野県酒造組合HPより）

125ページの酒造りのプロセスをもう一度見てください。麹ができたら次に、アルコール発酵に必要な酵母を培養させるため、「酒母」を造ります。この酒母をどのように造るかで根本的な日本酒の味わいが違ってきます。現在の日本酒の9割は「速醸仕込み」という手法で、醸造用の乳酸と酵母を添加する手法を用いますが、それ以前は、米と麹をじっくりと時間をかけて擂りながら、空気中など自然界の野生酵母を誘い込み、天然の乳酸と酵母を生み出す「生酛仕込み」という伝統的技法が用いられていました。古くは室町時代が発祥とされる「菩提酛」から始まりましたが、江戸時代に誕生した「生酛」、明治時代にさらに進化した技法「山廃酛」で酒母を造ったものはラベルに記載されます。手間暇かけて自然界の力を利用し、生命力のある酒母で造った生酛や山廃は、力強い芳醇な味わいが特徴で、温めて飲むことでその馥郁たる味わいがより楽しめます。

雑学

にごり酒とどぶろくはなにが違うの？

酒税法上、発酵途中の醪(もろみ)を濾して固体と液体に分ける上槽(じょうそう)という工程を経たものは「清酒」になります。この濾す作業の時にメッシュの目の粗さが3ミリ以下の特別なザルや麻袋などを使うことで醪の中の溶けきれていない米の固体部分が酒の中に残り白濁します。この状態の酒が「にごり酒」です。にごり酒は濾す工程があるため、「清酒」に属しますが、どぶろくは濾さない酒なので「濁酒」となり、清酒にはなりません。

1964年、京都・伏見の老舗酒蔵「増田徳兵衛商店」さんで日本で初めての「にごり酒」が誕生しました。酒の博士「坂口謹一郎」先生の勧めで、当時の当主が研究を重ねて造った元祖にごり酒【月の桂・大極上中汲にごり酒】は発酵途中のためシュワシュワが残り、米のスパークリングと称されました。そのフルーティーな香り、爽やかな酸味、心地良い泡の喉越しは多くのファンを魅了しています。

株式会社増田徳兵衛商店
〒612-8471　京都市伏見区下鳥羽長田町135

雑学

今、熟成古酒が注目を浴びている！

日本酒に賞味期限はあるの？　とよく質問がありますが、基本的にはありません（紙パック酒など一部除く）。同じ醸造酒のワインのように、貯蔵熟成されるなかでゆっくりと風味が増してゆきます。貯蔵年数が進むにつれ、色も山吹色から琥珀色になり、芳醇さもより増します。そのボリューム感ある味わいは熟成古酒の魅力を広げています。

千葉県いすみ市で142年の歴史のある「木戸泉酒造」は、古くから自然醸造にこだわりを持つ酒蔵です。早期からこの熟成酒も研究され、昭和40年から長期熟成に耐えられる本格的な古酒造りを始めました。蔵の向かいにあるギャラリーには、40年以上前の古酒がヴィンテージごとに並び、美しいグラデーションを見せています。

木戸泉酒造株式会社
〒298-0004
千葉県いすみ市大原7635-1

SAKE

普通酒とはどんな酒？

普通酒は特定名称酒のような規定がなく、販売している価格帯も比較的安価なものになりますが、ラベルには普通酒とは記載されていません。かつての一級酒や二級酒のようなレギュラークラスとして各社が独自に「上撰」「佳撰」といった表記をしています。

ボトルの半分くらいが日本酒で、残りは醸造アルコールを添加しているものがほとんどですが、なかには水あめやグルタミンソーダなどが添加されているものが未だに見受けられます。

こうした日本酒はバックラベルの原材料表記に「米・米麹・糖類・酸味料」などと書かれています。実際、国税庁のホームページには、普通酒の原材料表示について次のように記載されています。

特定名称以外の清酒……原材料名　米、米こうじ、醸造アルコール（更に清

酒かす、焼酎、ぶどう糖、水あめ、有機酸、アミノ酸塩、清酒等を使用した場合は、その原材料名）

※表示に当たっては、ぶどう糖、でん粉質物を分解した糖類を「糖類」と、有機酸である乳酸、こはく酸等を「酸味料」と、アミノ酸塩であるグルタミン酸ナトリウムを「グルタミン酸Ｎａ」又は「調味料（アミノ酸）」と表示しても差し支えない。

このような中身の日本酒は頭が痛くなるとか、二日酔いがひどいなど、悪酔いをしかねません。特にパック入りの日本酒を購入される時は必ず原材料表示を確認し、せめて糖類や酸味料が添加されていない日本酒を選んでください。

醸造アルコールを日本酒に添加するようになったのは、第二次世界大戦の末期、米が超貴重品であった満州国で開発実行された増醸法でした。

日本酒をアルコールで3倍に増してしまうもので、当時は「三倍増醸酒（通称：三増酒）」と呼ばれていました。食べる米もない、しかし酒税は国にとって重要な収入源、ならば薄めてしまえ、そして水あめなどで味を足そう、とやむを得ず造られていたもの。戦後の混乱、そして食料不足、このような時代であれば、薄めていたことは致し方ないことだったのでしょう。

現在では酒税法も変わり、3倍にまで薄める日本酒は造られていませんが、戦後75年以上も経た現代、米は十分に確保できる今でも、薄めて味つけをしている日本酒があることは事実です。

普通酒がすべてNGとは申しません。近年はこだわりの普通酒を造るメーカーも増え、上質な普通酒が増えています。家庭で楽しむ手軽な日常酒としての意味合いもあると思います。

ですが! 私はこのように〝醸造アルコールで薄めて〟造る普通酒にいささかの疑問が残ります。

なぜなら戦前まで日本酒はすべて【純米酒】であったからです。でも悲しいかな、現在日本酒の生産量のうち約7割近くが普通酒で、3割が特定名称酒という現状です。しかし、今、世界で注目されている日本酒は「特定名称酒」なのです。

本醸造酒や吟醸酒に加えた醸造アルコールは規定内のほんの少し。ここが普通酒と大きく異なる点なのです。

SAKE

そもそも醸造アルコールって何者？

醸造アルコールを添加する目的には、基本的に次の2つの理由が挙げられます。

1 酒質をスッキリとした淡麗な味わいにする

2 アルコール度数を上げることで、乳酸菌による腐敗の防止と味を整える

理由があって、醸造アルコールで調整をするのですが、問題はその原料です。増量目的で使われるものは、サトウキビから砂糖を精製した後に残る〝廃糖蜜（はいとうみつ）（モラセス）〟と言っても良いでしょう。ドロッとした液体で臭いもあるものです。

この廃糖蜜を蒸留してできるのが、「粗留アルコール」といわれるものです。この粗留アルコールを連続式蒸留器で繰り返し蒸留することで無味無臭のアルコールが作られます。原料が廃糖蜜ですから値段も安価になります。

一方、米を原料にした醸造アルコールもあります。こちらは価格も高くなります。スーパーなどで大量陳列され、チラシに掲載されているものは増量目的で中身より価格重視、安価な醸造アルコールを使用しているといっても過言ではないでしょう。

雑学

料理用清酒・合成酒・発酵調味料にご注意を！

料理に使うものだからと安さで選びがちかもしれませんが、これらには様々な添加物で味調整しながら造られているものもあります。ブドウ糖や水あめ、グルタミン酸の旨み成分、塩分、香りなどのほか、酸化防止剤も調合されていますので、せっかくの料理の味を台無しにしてしまいます。

本来の日本酒には、生臭みを消す効果や天然の旨み成分がありますので、それだけで調味料効果を十分に発揮します。せっかくの料理に使うもの。ご自身が口にしても良いものであるものが好ましいです。

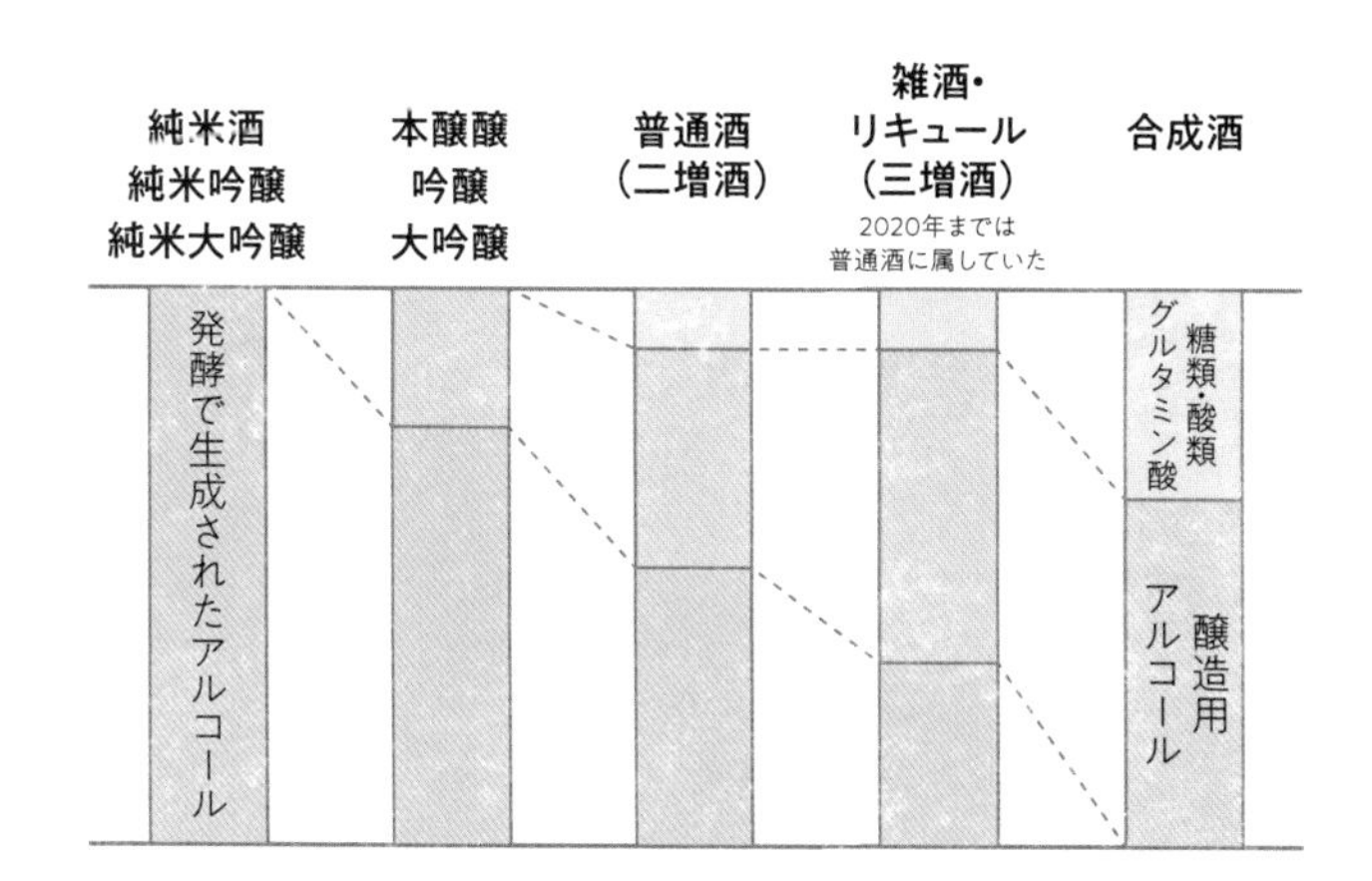

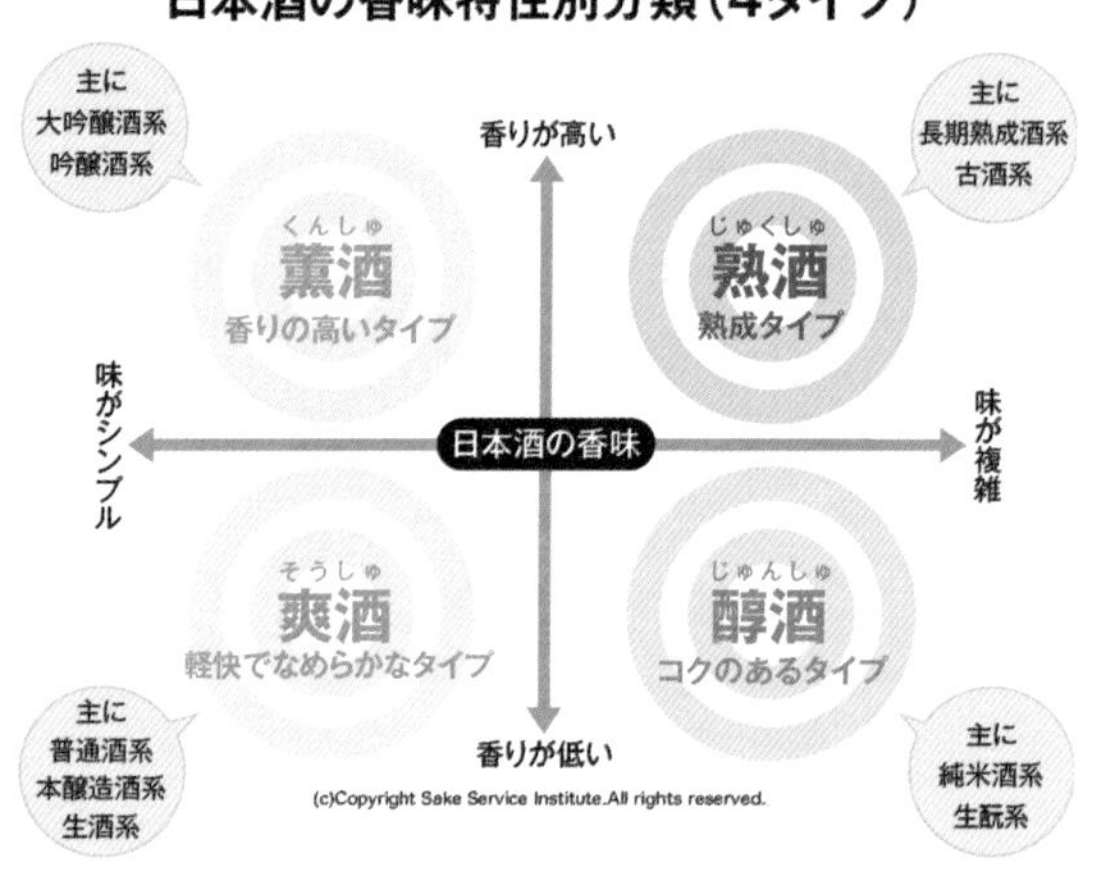

旨みと酸味の要素が複雑に絡み合い、そこに香りの要素と喉ごしまですべてをトータルで感じる日本酒の味わい。単純に甘口・辛口では表現しきれませんが、香りと味わいの濃淡で上図のような４つに大別するとわかりやすくなります。

上の図は唎酒師を輩出する「日本酒サービス研究会・酒匠研究会連合会（ＳＳＩ）」が30年前に提唱した日本酒の４タイプ分類です。これを参考に選ぶとお好みの１本と出合えるはずです。

日本酒のソムリエ「唎酒師」とは

SAKE

日本酒のおいしさを引き出す酒器

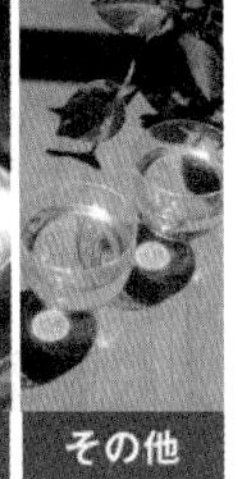

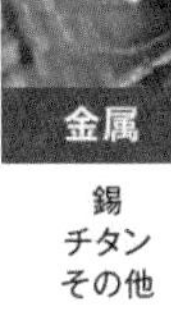

ガラス	土	木	金属	その他
クリスタル ソーダガラス	磁器 陶器	木そのもの 漆器 竹など	錫 チタン その他	プラスチック シリコン アクリルなど

日本酒の不思議な点はお猪口やグラスの材質、形状で味わいが変化することです。

ワイン同様、日本酒も酒器で味わいが大きく変わります。

酒器の「材質」には、土や木、ガラス、錫（すず）のような鉱物、漆塗りのものなど実に様々なものがあり、またそれらの「形状」も実に様々です。実はこの材質と形状によって同じ日本酒でも味わいが異なるのです。

世界中の酒器や食器をみても、これほど素材の材質が豊かなのは日本だけではないでしょうか？　これも世界に類をみない日本酒の魅力だと思います。

酒器を変えて飲むと、1本の日本酒を何倍も楽しめます。

SAKE

山田錦、五百万石、美山錦……酒造好適米ってどんな米？

私たちが普段食べる米は食用米や飯米（はんまい）といい、日本酒を造る米は酒造用米や酒米と呼ばれます。もちろん米ですから酒米も食べることはできますが、タンパク質、脂質が少ないため、普段食べている米の甘みある味わいとは少し違うと感じると思います。

酒米は全国各地で生産されていますが、その中でも一定条件をクリアした酒米を「酒造好適米（しゅぞうこうてきまい）」といい、各都道府県の農林水産省によって酒造好適米と認定されます。毎年、品種改良された新しい酒米が認定され、現時点で約１２０〜１３０種類くらいあり、地域によってそれぞれの特徴を持った味わいがあります。

酒造好適米は、平均して穂の丈が1メートル以上にもなる特徴があります。なので、農家にとっては栽培がとても大変な米になります。

日本で一番栽培され、有名な酒造好適米が兵庫県を原産地とする「山田錦（やまだにしき）」です。

昭和11年に兵庫県で生まれた山田錦ですが、現在は多くの県で生産されています。

酒造好適米の主な品種と産地

令和２年収穫の
雄町米と筆者

特に吟醸酒などフルーティーな香りを特徴とする日本酒に多く使われています。

二番手の生産量を誇る新潟県原産の「五百万石」はやさしさを感じる味わいになり、安定したその味わいは純米酒にも多く使われています。三番手が長野県原産の「美山錦」。耐冷性のある酒米で、スッキリとしたきれいな味わいになるのが特徴です。

現在この3品種が酒造好適米の7割以上を占めていますが、各県ではその土地でしかできない酒米を使った地酒も人気です。

ちなみに、米には食用米にも酒米にも等級があり、ランク分けされます。酒造好適米も検査によってそれぞれの等級に選別されるので、ひと言で「山田錦」といってもピンからキリまであるのです。

今、自らが圃場を持ち、土壌作りから研究し、酒米を収穫するまでのこだわりを持って酒を醸す酒蔵も増えてきました。これこそがワインでいうところの「テロワール（土壌）」へのこだわりです。その土地で酒米から愛情を持って育てられた日本酒こそ本当の「地酒」といえるのではないでしょうか。

雑学

日本最古の“幻の酒米”「雄町」

山田錦や五百万石のルーツでもあり、岡山県で育成された「雄町」。何と、安政６年（1859年）からの歴史を持つ原生種で、現在では酒造好適米全体のわずか３％ほどしか生産されていない“幻の酒米”です。稲の丈は160センチ以上にもなり、栽培が難しく生産者泣かせといわれる酒米です。山田錦が誕生してもうすぐ100年を迎えますが、この雄町は発見から160年以上もの歴史の中で絶滅の危機を乗り越え、多くの子孫を残している素晴らしいお米です。昭和初期には全国清酒品評会で上位入賞するには「雄町」で造った吟醸酒でなければ難しいとまで言われた名米。雄町の収穫量の９割を担う岡山県では、農家と酒蔵の努力で作付面積も増え続けています。その人気は奥深さと堂々とした個性ある味わいを持つ雄町に魅了された「オマチスト」と呼ばれるファンがたくさんいることで証明されます。

岡山県赤磐地区の雄町圃場にて、成育中の雄町を見守る生産者の藤原一章氏

SAKE

どんな料理にも合わせられる日本酒の魔法

同じ醸造酒でもワインは料理とのマリアージュを重視しますが、日本酒は料理を選びません。

日本酒は旨み、甘み、酸味がバランス良く整っているので、基本的にどのような料理でも合わせることができるのです。さらに日本酒そのものに"塩味"がないため、塩味を効かせた料理とならバツグンに合います！

マリアージュに正解はありません。あまり難しく考えすぎず「楽しむ」ことが大切です。日本酒と料理の偶然の出合いにたくさんの感動が生まれることでしょう。

私の日本酒講座では、フレッシュチーズ、チョコレート、餡子（あんこ）、水羊羹（ようかん）、フルーツなど驚きの相性体験をしますが、その調和のよさに皆さんびっくりされます。

ぜひ様々な料理との相性を楽しんでみてくださいね。

日本酒と料理のおいしい相性

塩味や味噌などの発酵食品との相性はバツグン!
魚料理、肉料理、和食、洋食、チーズなど
様々な料理を日本酒と一緒に楽しんでください。
基本は日本酒と料理、それぞれの味わいの濃淡を合わせること!

シンプルな味わいの
爽酒系
淡い味つけ、爽やかな風味の料理と。濃厚な料理に対してリセット効果もある。

フルーティーな香り高い
吟醸酒系
やわらかな旨み、出汁の効いたの料理と。フルーツとの相性もバツグン。

しっかりした味わいの
純米酒系
旨みや重厚なコクのある料理と。チーズやバターを使用した料理にも!

重厚な味わいの
熟成酒系
濃い味つけ、脂の乗った料理など。熟成チーズや濃厚な甘さのデザートにも!

雑学

酒蔵さんの軒先にある丸い杉玉は？

最近は家庭のインテリアとしても人気のようですが、酒林・杉玉といわれ、杉の葉を球状の籠に差し込み、葉先をきれいに刈り揃えた手作り品です。杉の美しい緑色から日を追うごとに褐色になるこの変化が酒の熟成に似ていることから、日本酒を造り始める頃に吊るし、茶色くなったころに新酒ができましたよ！というお印しでもあるのです。

古くから桶などの酒造用具には、浄化作用や殺菌抗菌効果も高い杉の木が用いられてきました。衛生管理が重要な酒の醸造には最適だったのです。杉の幹部分は酒造用具に使い、酒林は杉の葉を利用して作ります。

奈良県桜井市の大神神社は醸造の神様が祀られていることから、毎年11月14日の醸造安全祈願祭（酒まつり）には酒造家や杜氏が参列し、四人の巫女が杉を手に神楽舞い、新酒の醸造安全を祈り新しい杉玉が授与されます。大神神社の杉玉は神職が神社のご神木である杉の木の枝を切り、全て手作りで制作し、〝志るしの杉玉〟〝酒の神様 三輪明神〟の木札が下げられています。

三輪明神 大神神社
奈良県桜井市三輪1422

SHOCHU

第5章

焼　酎

一般的に「焼酎」と一括りにされてしまいがちですが、
各地の農作物から生まれ
日本の第二の国酒とも称される【本格焼酎】、
琉球が誇る【泡盛】、新時代の【甲類焼酎】、
と日本にはこの3つの焼酎が存在します。
この3つはそれぞれ歴史や由来、製法、原材料、楽しみ方、
すべてが本質的に全く異なり、個性的な味わいを持ちます。
九州、沖縄だけでなく、全国各地で造られる焼酎は、
バラエティ豊かな味わいが楽しめるだけでなく、
自由な楽しみ方ができること、
世界の蒸留酒のなかで唯一、食中酒として楽しまれる酒で
あることも焼酎の魅力です。
今、本格焼酎や泡盛は日本が誇るスピリッツとして
世界への輸出も伸びています。

SHOCHU

本格焼酎・泡盛の起源

日本には島伝いに伝搬された夢とロマンの蒸留酒

蒸留酒の日本へのルートは所説ありますが、一つだけいえるのは「蒸留器」そのものの伝搬と深く関わりがあるということ。蒸留器の原型が発明されたのは紀元前3000年頃のエジプト期といわれています。この頃は、花や植物から香りを取る技術で、今でいう香水のようなものを作っていたと推測されています。この技術が8世紀頃になるとイスラームの世界で錬金術の研究により、薬などを作る蒸留技術が進み、それが東西に伝搬され、中国を経てアジアの各地域に広がり、やがて琉球王国へ、そして島伝いに九州へと伝わったようです。

その土地で収穫した農作物を腐敗させずに、アルコールにして長期保存ができるという利点を農耕という暮らしのなかで発見した蒸留技術は、各地で人々を高揚させ、夢とロマンと希望を持って伝搬されていったのではないでしょうか。日本に蒸留技術が伝わったのはまずは琉球王国。そこから日本の蒸留酒のロマンが始まりました。

本格焼酎とは

　米焼酎、麦焼酎、芋焼酎、黒糖焼酎、そば焼酎など、○○焼酎というように、原材料の名前が冠についた焼酎を総称して「本格焼酎」と称する。約500年前の戦国時代には九州で焼酎が造られていたのが本格焼酎の始まりとされ、現在では日本各地でそれぞれの土地で生まれた農作物を原料に、白麹、黒麹、黄麹を用いて、その素材の持ち味や風味を大切にして造られている。

泡盛とは

　本格焼酎とは明確に区別されている泡盛は、日本の蒸留酒のルーツでもある。1400年代にシャム（現在のタイ）の国から持ち込んだタイ米を原材料にし、シャムの蒸留酒ラオロンから蒸留技術を得て、琉球に伝わったとされている。泡盛は、タイ米をすべて黒麹にし、全麹仕込みが大きな特徴。「クース」と呼ばれる甕熟成させた古酒は芳醇な香りと味わいが魅力である。

SHOCHU

本格焼酎のできるまで

世界の蒸留酒は数あれど、日本の本格焼酎の原材料はそれぞれ地域の特産の農作物を原料にしており、米焼酎、麦焼酎のように様々な種類があるのも魅力の一つです。

まずは、日本酒同様に「麹」を使って原料を発酵させます。発酵が終わった醪（もろみ）を単式蒸留器で蒸留し、熟成させます。

熟成期間は半年から数年に及ぶものまでありま す。特に甕による熟成は、小さな気孔を通して空気に微量に触れることから、ふくらみのあるまろやかな味わいになります。

単式蒸留機

1 米麹を使用する場合、蒸米に麹の種もやしをつけ、麹造り（製麹）
※麦麹や芋麹を使用する場合もある

2 麹と水に酵母を加えて一次醪をつくる（一次仕込み）

3 選別した原料の下処理をして蒸す（蒸し）

4 2の一次醪に、3の主原料と水を加え発酵（二次仕込み）

5 発酵を終えた二次醪を単式蒸留器で蒸留する（蒸留）

6 蒸留を終えた原酒を熟成させる（貯蔵・熟成）
※原酒は40度ちかくあるので加水し、調整する

SHOCHU

最初の本格焼酎は「米焼酎」だった

焼酎といえば「芋焼酎」が代表格と思われがちですが、本土で最初に造られた焼酎は、熊本県人吉の米を原料とした「米焼酎」だったようです。当時はすでに稲作文化から発展したどぶろくや日本酒という醸造酒があったため、その醸造酒を蒸留したのでしょう。この人吉地方の球磨（くま）盆地は、球磨川の水と広大な平野に囲まれ、米栽培に適した豊富な米の栽培地であったこと、収穫量に余裕があったため、焼酎造りに米を使うことが可能だったこと、米は年貢に取られてしまうため、隠し棚で米を作っていたことなど、様々な理由があります。米の生産量が少ない他の地域と比べ、球磨地方には豊富に米があり、それを原材料に米焼酎が製造されていたことは確かなようです。このことから、16世紀には米焼酎造りが始まっており、現在でも球磨地方の「球磨焼酎」は人気の米焼酎です。

その後、壱岐（いき）の麦焼酎、鹿児島の芋焼酎、奄美（あまみ）の黒糖焼酎、と造られてゆき、昭和に入ってから大分県では新しいタイプの麦焼酎が誕生しました。

雑学

最近「黒〇〇」と「黒」がつく焼酎が多いのはなぜ？

白や黒は、麹の種類を意味しています。日本酒造りには基本的に「黄麹菌」を使用しますが、焼酎造りに使用される麹菌の種類は「白麹菌」「黒麹菌」「黄麹菌」です。一般的な九州の焼酎は「白麹菌」を使用しますが、酒名に「黒〇〇」と記載されていたら「黒麹菌」を使用しています。沖縄の泡盛は「黒麹菌」しか使用しません。白麹を使用した焼酎は、穏やかでやさしい味わいが特徴、黒麹を使用した焼酎はしっかりとした深い香味があるのが特徴です。もともとは日本酒用の「黄麹菌」しかありませんでしたが、雑菌に対する耐性があるクエン酸を生まないという難点がありました。後の白麹と黒麹の登場によってシフトしてゆきましたが、この黄麹を使うと吟醸酒のような華やかな香りを醸し出すため、あえて黄麹を使用する焼酎蔵もあります。

ラベルの色でわかる場合も多い

SHOCHU

本格焼酎&泡盛の魅力
原料の産地、品質を保証するマークを探そう

本格焼酎こそ、その土地の郷土色が溢れる地酒だと思います。なぜならその土地の農作物で造られる酒だから。九州だけでなく、全国各地で素晴らしい味わいの本格焼酎が造られています。CMでも見かける、誰もが一度はその商品名を見聞きしている本格焼酎もあります。その生産量は九州各地の小さな焼酎蔵と比べたら桁外(けたはず)れでしょう。その桁外れの焼酎の原料と九州で産する農作物の量とは比例しません。なぜなら大半が輸入による原料を使用しているからです。

これは本格焼酎に限ったことではありませんが、大量生産されているものにはそれなりの理由もあり、莫大な利益があるからこそ、CMも新聞広告も打てるのです。国産ワインの中身の8割が外国産というのと同じです。そういった大量生産品ではない、確かなものを選ぶために必要なことは「ラベルをじっくり読むこと」です。

近年、本格焼酎のラベルに原料品質や生産地を証明する認定マークがついているものが多くなりました。ぜひ焼酎を選ぶ際の目安にしていただければと思います。

認定マークの例

南薩摩本格芋焼酎マーク

鹿児島県産サツマイモを100%使用し、県内の水で仕込み、南薩摩において単式蒸留器で蒸留し、瓶詰めした芋焼酎。

奄美黒糖焼酎ロゴマーク

奄美黒糖焼酎は酒税法の基本通達により、深い緑の山からなる奄美大島や徳之島、またサンゴ礁の隆起から成る喜界島・沖永良部島・与論島の奄美群島だけに製造が認められている米麹由来の風味広がる本格焼酎。

ふるさと認証食品Eマーク

県産の特色ある原料又は製法を用いて、県内で製造される食品について、県が指定した審査・認証機関が、品目ごとに定める基準に適合する食品を「ふるさと認証食品」として認証したものに表示されるマーク。

地理的表示「GI」認定マーク

日本ワインの「山梨」「北海道」のように、焼酎においては、長崎の「壱岐」、熊本の「球磨」、鹿児島の「薩摩」、沖縄の「琉球」があり、地理的表示を認定された地域ブランドを守っている。

SHOCHU

泡盛と琉球泡盛の違い

同じ「泡盛」ではありますが、「琉球泡盛」と表示して良いのは、

1. 黒麹菌を用いた米麹と水を原料とし、そして発酵させた一次醪（もろみ）を、
2. 沖縄県において単式蒸留機を使って全量仕込みをし、
3. 沖縄県において容器詰めを行ったもの

と、されています。え？　そんなの当たり前でしょ、とお思いになるかもしれませんが、「沖縄県」でない場所（県外や海外）や単式蒸留機でないもので造ったものもあるよ、ということなのです。

本物のおいしい泡盛を楽しみたい時はラベルをよく見て「琉球泡盛」「本場泡盛」の文字が書かれているものを選んでくださいね。

泡盛の魅力「古酒クース」

泡盛といえばクースと呼ばれる古酒です。クースのラベルには5年、10年など年数表示が書かれています。

この年数について、以前は、3年貯蔵した泡盛が全量の半分以上含まれていれば「古酒」と表示することができましたが、2015年8月1日より瓶詰する泡盛については、3年以上貯蔵したものを100%使用していなければ「古酒」と表記することができなくなりました。この規定変更から6年、現在出荷されているものは1本の全量が最低3年間、10年ものであれば全量が10年以上の熟成をしたものになりました。

甕貯蔵による熟成によって、芳醇な味わいが増し、泡盛独特の風味が楽しめます。

SHOCHU

これぞ東京地酒!
東京都産の人気本格焼酎

東京都には伊豆諸島で造られる素晴らしい本格焼酎があります!

江戸時代後期からの歴史があり、サツマイモの栽培に適している八丈島にはすでにサツマイモが伝搬されており、サツマイモ栽培と芋焼酎造りに力を注いでいました。以降、三宅島、大島、新島、式根島、神津島、青ヶ島と各島に焼酎造りが伝わります。

伊豆諸島の島焼酎といえば麦焼酎も人気です。芋の収穫期と被(かぶ)らないため、麦も多く栽培されています。麦と芋をブレンドして造る手法もこの伊豆諸島ならではです。現在、伊豆諸島には8カ所の焼酎蔵があります。ぜひ東京産の「島酒」を飲んでみてください。九州の本格焼酎とはまた違ったおいしさに必ずや出合えます!

column

新島産の「あめりか芋・七福」の本格焼酎

〝あめりか芋〟という面白いネーミングを持つ芋の栽培を手がけているのは伊豆諸島の新島です。この新島産「あめりか芋・七福」100%で造った芋焼酎があります。やわらかく風味ある味わいが特徴の芋です。どんなに高価な酒より「地元で産する農作物100%で造るのが地酒である」が信念の私にとっては原料の産地が重要であり、地元産の酒こそ魅力的なものなのです。東京産の島焼酎。これは東京の方をはじめ全国の方に知っていただきたい。何よりもっと「七福」を知りたいという想いから収穫にも訪れました。土を掘り起こして現れたこのお芋。土と触れ合うことで農作物の恵みや酒へのありがたみを深く感じました。

新島酒蒸留所
東京都新島村本村1-1-5

SHOCHU

熟成という時が魅惑の味わいを生む

本格焼酎と泡盛の最大の魅力は「熟成」による芳醇で優雅な味わいを楽しめることです。

通常は、蒸留後、3カ月ほど貯蔵させてから出荷されますが、さらに半年、1年、数年と熟成させることで風味が増し、かどが取れたまろやかな味わいに成長します。近年はステンレスタンクも多く見かけますが、やはり甕貯蔵や樽貯蔵などにこだわる焼酎蔵も多く、熟成による味わいを楽しませてくれます。

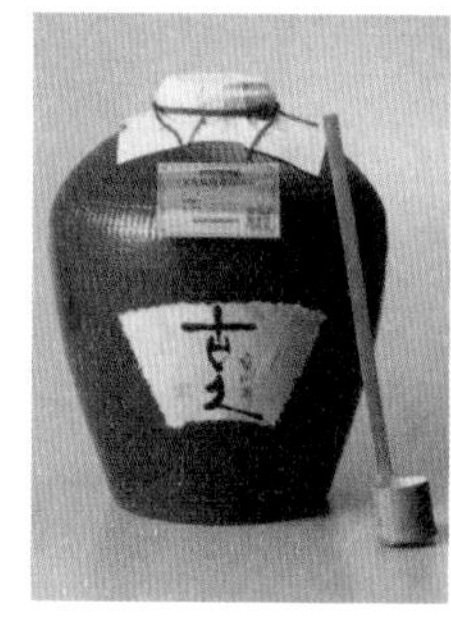

旧国鉄トンネルの遊休トンネルに眠る「天盃 古久(こきゅう)」その馥郁たる味わいを魅せてくれる甕壺熟成の麦焼酎です。

株式会社天盃
福岡県朝倉郡
筑前町森山978

雑学

本格焼酎の「新酒」「無濾過」

世界の蒸留酒のほとんどは熟成して成熟してから瓶詰めしますが、本格焼酎はできたての「新酒」として限定数が出荷されることがあります。特に芋焼酎は芋の香りや熟成前の力強さ、フレッシュ感が楽しめます。

また本格焼酎には、フーゼル油などの様々な香味成分が含まれていますが、量によっては風味を損ねてしまう場合があるため、通常は濾過をして出荷されます。この濾過をあえて行わないのが「無濾過」です。昔ながらの風味豊かな味わいが楽しめます。

焼酎の華(はな)

本格焼酎を注ぐとグラスに白い固形物のようなものが浮かぶことがあります。これは「焼酎の華」と呼ばれるもので、焼酎の中に含まれる香味成分（フーゼル油）が温度変化によって固まったものです。普段は焼酎の中に溶解していますが、冬場の寒冷地などでは温度が低いことから溶解できずに固形物のようなものになってしまうのです。焼酎の華が出現するのは高品質の本格焼酎の証でもあります。

焼酎の華は、温度を上げることで自然に溶けてゆきます。

SHOCHU

お湯割りは焼酎が先か、お湯が先か？

日本酒のぬる燗(かん)同様に温めた酒は身体にとてもやさしい飲み方ですが、焼酎をお湯割りにする際、どちらを先に入れますか？　また、どちらが正しいのでしょう？

正解はどちらでもＯＫ。注ぐ順番に決まりはありません。

ただ、注ぐ順番で味わいが変わる！　ということだけ知っておくと良いでしょう。

そんなー、味わいが変わるって？　どちらにしても混ざるのだから味は同じでしょう？　と思われたらぜひ実験してみてください。

これは科学的理論から解明されたことですが、焼酎とお湯の比重が異なることに関係しています。次ページの図を見てください。

お湯を先に入れ、後から焼酎を注ぐと、対流しながら混ざりあいます。すると焼酎の分子にお湯の分子がすぐにくっつくのです。

反対に焼酎を先に入れてお湯を後から注ぐと、液体の表面がぶつかり合い対流に時間がかかります。この場合、味わいにどう変化するのか？

雑学

焼酎の季語は「夏」だった！

お酒に季節は関係ないでしょう？　と思いますよね。身体に良いといわれる「甘酒」を調べていたら俳句の世界で甘酒は「夏」と判明。そこにもう一つ「焼酎」の文字が目に入ってきました。焼酎の季語も夏でした。その理由は焼酎が暑気払いの飲み物だったから。日本酒の項で人の体温と同じくらいの燗酒を飲むことが身体にやさしい、とお話ししましたが、焼酎もまた然り。夏でも焼酎はお湯割りで飲まれていましたが、これは身体を冷やさず、暑さを吹き飛ばすためだったのです。九州という比較的暑さのある地域でお湯割りを飲む、これが身体に最も優しい飲み方であるという先人たちの知恵なのでしょう。

前者は分子同士がくっつき合いやすいので口当たりがなめらかに感じ、やさしい味わいになります。

後者は、一瞬反発し合うことでピリッとした口当たりになり、味わいも強く感じるのです。これは体感していただくとよくわかると思います。

お湯が先、焼酎が先、どちらも正解の飲み方です。

どのような味わいがお好みか？　注ぎ方を変えながら探してみてください。

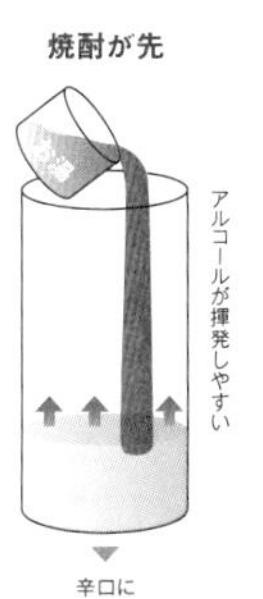

SHOCHU

なぜ焼酎は25度が多いのか？

本格焼酎はウイスキーやブランデーと同様に蒸留酒なので、「原酒」のアルコール度数は40～43度あります。でも一般的に販売されているのは25度や30度が多いはず。その理由は、またもや「酒税」にも深く関わりがあるのですが、政治的なこととは別に、九州で古くから伝わってきた「飲み方」にカギがあるようです。

そもそも、自家醸造が基本であった時代、当時の蒸留技術では28度くらいまでしか上がらなかったようです。とはいえ、これをそのまま飲んだら強すぎますよね。なので、九州の飲用文化では水やお湯で「割る」という飲み方が日常的でした。

しかもその割る比率は「ろくよん割り」。焼酎が6に対してお湯が4。これが黄金比率となり、定着しました。この25度の焼酎を6：4で割るとアルコール度数が14度前後になるのです。

アルコール度数14度前後といえば、醸造酒の日本酒やワインと同じくらいです。アルコール度数の強さを感じずに食事をしながら飲めるアルコール度数帯なのです。

水
本格焼酎
寝かせる

黒千代香を生んだ元祖窯元の鹿児島県指宿市「長太郎焼窯元」黒千代香。本物の手作りならではの温かみが最高のお湯割りを作る

実は焼酎は蒸留酒のなかで唯一、食事とともに楽しめるものです。

他の蒸留酒はアルコール度数が高いゆえに、食後酒として飲用されることが多いのですが、日本ではこの薄めて飲むという九州独自のスタイルから、アルコール度数25度が定着したのだと考えられるのです。

また、鹿児島では、飲む前の日から焼酎と水で割っておき、それを千代香に入れ、火鉢で温めて飲むことを「お湯割り」としていたようです。近年では前割りなどといわれていますが、あらかじめなじませておくことで、水の分子とアルコールの分子がよく混ざり合い、口当たりがとてもなめらかになります。

SHOCHU

新時代の甲類焼酎

甲類焼酎とは？

本格焼酎のように原材料の名前がつかない、無味無臭のクリアな焼酎をいいます。19世紀に誕生した大型の「連続式蒸留機」を用い、連続で蒸留を繰り返すことで無味無臭の純粋な高アルコールの蒸留酒を造り、水で加水したものが甲類焼酎です。無味無臭のため、果汁やお茶などで味をつけて酎ハイなどで楽しんだり、果実酒作りに用いられます。

なぜ甲類焼酎と呼ばれるのか

甲類があるからには乙類もあります。最近ではあまり耳にしなくなりましたが、乙類焼酎と呼ばれていた焼酎があります。実はそれが先の項で解説した原料由来の香味を楽しむ「本格焼酎」です。

もともとは日本の蒸留酒はすべて総称して「焼酎」と呼ばれていましたが、明治43

（1910）年に連続式蒸留機の導入によって新しく造られた焼酎を「新式焼酎」、これまでの焼酎を「旧式焼酎」に大別しました。その後、昭和24（1949）年に酒税を課す酒税法によって、税金を高くした新式焼酎を「甲類焼酎」、税金を安いままにした旧式焼酎を「乙類焼酎」と命名しました。

甲乙表現はランクや順位や優劣を示す言葉です。この表記に納得がゆかないのは乙類焼酎業界なのはお察しの通りです。戦国時代から歴史ある日本の蒸留酒を手間暇かけて造り続けてきた手造りの焼酎蔵と、機械のボタン一つで蒸留して造る焼酎メーカーではどう考えても乙類焼酎のほうが優れているにもかかわらず、飲み手からすると甲類よりも乙類のほうが劣ると誤解されてしまうからです。

こういった背景から、乙類焼酎業界が「本格焼酎」という呼称を根気強く提唱し続け、ようやく昭和46（1971）年に「本格焼酎」の表示が認められたのです。

甲類焼酎100年の歴史

明治43年に日本で誕生した甲類焼酎第一号は「ハイカラ焼酎」と呼ばれ、干し芋を原料にした焼酎で、価格も安いことから大衆の酒として人気を博しました。直後の大正2年、米の価格が高騰し、米騒動が起きるほどの混乱期に、ハイカラ焼酎は米を使用しない酒として焼酎ブームが湧き起こりました。その後に誕生したのが、焼酎を炭酸で割る「焼酎ハイボール」、これが全国に広がります。そして、昭和48年頃に登場した大手居酒屋チェーンによって風味をつけた酎ハイがブームとなりました。

さらに、アメリカ産のクリアなウオッカが大ブームになったのをきっかけに、日本でも空前の甲類焼酎ブームになります。ここで大麦やトウモロコシなどを原料にした安価なアルコール造り競争が始まり、ついには廃糖蜜を原料にした大容量の甲類焼酎を造るようにまでなってしまったのです。

100年前、農作物である干し芋を原料に新しい希望を持って造られた甲類焼酎。それゆえに現在の安価な甲類焼酎の原料に大きな疑問が残ります。

甲乙混和焼酎とは？

芋焼酎などと原材料が表示されていても「甲乙混和焼酎」と書かれたものがあります。表示通りに両者をブレンドさせたもので、これらはパック酒などの価格重視の商品に多く比較的安価で販売されています。甲類乙類混和と書かれている場合は甲類焼酎を50％以上使用、乙類甲類と書かれている場合は乙類焼酎（本格焼酎）を50％以上使用しているという意味です。

甲類焼酎の原料

原料から厳しく規定されている本格焼酎に比べ、甲類焼酎の原料は不透明な部分があることは否めません。デンプン質の原料は糖化させなければアルコールが造れませんが、糖質であるものなら糖化させる手間がないため、容易にアルコールの原料となります。多くの安価な甲類焼酎の原料は廃糖蜜です。

廃糖蜜を連続式蒸留機で蒸留を繰り返すことで、無味無臭の焼酎ができあがるのです。廃糖蜜はすでに一つの役目を終えたものですので、当然ながら安価になります。もちろん、米やトウモロコシから造られた甲類焼酎もありますが、原価を考えれば販売価格に大きな差がありますね。

ぜひ甲類焼酎は価格だけで選ばないことをお勧めします。

100年の歴史を守るべく26歳で継いだ五代目

芋焼酎「利八（りはち）」を醸すのは、温泉地として知られる鹿児島指宿の吉永酒造さん。歴史あるこの焼酎蔵は、仕込みからラベル貼りまで、たった3人で行う小さな家族経営の焼酎蔵です。もちろん昔ながらの「常圧蒸留」の芳醇な味わいには造り手の真心がたっぷり詰まっています。

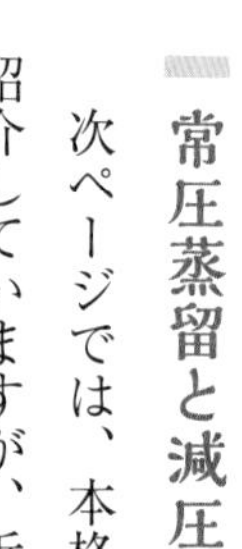

吉永酒造有限会社
指宿市十二町645番地

常圧蒸留と減圧蒸留ってなに？

次ページでは、本格焼酎の原料による味わいの特徴をご紹介していますが、近年は〝とても飲みやすい味わい〟の商品も多くなりました。たとえば麦焼酎でも香ばしく奥深さのあるものと、淡麗な味わいのもの。同じ麦焼酎でも正反対になる理由は「蒸留の仕方」の違いによるものです。昔ながらのコクのある味わいを生む常圧蒸留か、飲み口の軽さを求めた減圧蒸留か。同じ単式蒸留器でもこの蒸留方法で味わいにも大きな差があります。

■**常圧（じょうあつ）蒸留**…原料本来の風味が楽しめる

５００年以上伝承されてきた歴史ある蒸留方法。貯蔵時の熟成効果が高く、古酒や長期熟成酒にも向いている。

■**減圧（げんあつ）蒸留**…淡麗で軽快。飲みやすい味わいになる

１９７０年代に登場した新しい蒸留法。蒸留器内部の気圧を下げて低温で蒸留することで、淡麗な味になる。

どんな焼酎を選ぶ？

本格焼酎の味わいは原料由来によるものです。
水割り、お湯割り、ロックなど体調や食事に合わせて
楽しめます! しかも、蒸留酒のなかで唯一「食中酒」でも
あるのが本格焼酎&泡盛です。

麦焼酎

香ばしい麦の香りとスッキリした味わい!
スパイシーな味つけや胡麻風味の料理と相性バツグン!

米焼酎

日本人にとっての主食である米の焼酎はスッキリと楽しめる。何といっても和食と四季折々の旬の料理に合わないはずがない!

芋焼酎

サツマイモ特有の甘みと旨みが芋焼酎の最大の特徴。
濃いめの味つけの料理と合わせてみて!

黒糖焼酎

黒糖の香りと深い甘みを楽しめるやさしい味わい。合わせる料理も濃厚な甘さやコクがあるものがベスト!

そば焼酎

香り高い蕎麦の実の焼酎は不思議と日本人の心を癒す香り。蕎麦と合わせるのはもちろん、やさしい味わいの料理に!

泡盛

泡盛特有の深い香りと強い味わいは熟成期間で決まる。
沖縄料理の味わいの濃淡に合わせて楽しみ方いろいろ!

フレーバー焼酎

ゴマ・紫蘇・トマト・落花生など様々な味わいが楽しめるのも焼酎の大きな特徴! ご当地焼酎を探してみては?

甲類焼酎

無味無臭なので、好みの味わいで自由に楽しめるのが甲類焼酎。自分で作る本物のフルーツサワーは格別の味わいかも!

column

危険！
高アルコール酎ハイに注意！

ＣＭでも繰り返し宣伝されている高アルコール酎ハイ、いわゆるストロング系といわれるものが今、問題視されているのをご存じでしょうか？
アルコール度数が７～９％もあり、飲みやすくするために人工甘味料や、様々な香味を添加して販売されています。

コロナ禍で自宅での飲酒が増えるなか、アルコール度数が高いので容易に酔うことができ、しかも安い。実はこのストロング系の飲酒でアルコール依存症の方が増えている実情があるのです。

実際にコロナ禍になってから、アルコール依存症の外来が数カ月待ちという情報も知り合いの医師の方から聞きました。また、薬物依存研究者の方や精神科医の方が警告を出していることも事実です。ミネラルウォーターよりも安い酒が存在すること自体、不思議でなりませんし、おかしいと思いませんか。

当店ではこのような安心安全でない商品は販売しませんし、この問題を発信し続けなければならないと感じています。

WHISKY

第6章
ウイスキー

グラスの中で琥珀(こはく)色に輝く魅惑の蒸留酒。
世界の様々な国で造られているウイスキーですが、
なかでもスコットランド、アイルランド、アメリカ、カナダ、
そして日本の5カ国が世界的なウイスキー産地として知られ、
「五大ウイスキー」と呼ばれています。
これらの国々では、それぞれの風土のなか、
伝統製法を発展させ、個性的なウイスキーを生み出し、
世界中のウイスキーファンを魅了し続けています。
ひと昔前は、大人の男性の酒や愛好家が親しむ酒という
イメージがありましたが、
今、若い世代にもウイスキーの魅力が広がり、
ファンを増やしています。

WHISKY

基本のウイスキー3分類を知る

ウイスキーの原料は大麦などの穀物です。195ページで製造工程はご紹介しますが、その穀物類を発芽、糖化、発酵させ、蒸留させます。そして蒸留した透明のウイスキーを木の樽で熟成させると、あの琥珀色に輝くウイスキーが誕生します。196ページ以降でお話ししますが、原料の穀物やその土地の気候風土、伝統製法によって、各国のウイスキーに特徴があります。

まずは、基本となる3つのウイスキーの分類（次ページ参照）を知っておくと、ウイスキーの選び方や飲み方の参考になると思います。

ウイスキーの分類

	1 モルト・ウイスキー Malt Whisky	2 グレーン・ウイスキー Grain Whisky
原料	麦芽のみ	トウモロコシ、ライ麦、小麦、大麦などの穀物
蒸留器	単式蒸留器（本格焼酎と同じ）	連続式蒸留器（甲類焼酎と同じ）
風味	モルトの風味が豊かに感じられる味わい	軽快でスッキリした味わい
ラベル表記	モルト	グレーン
例	グレンフィディック、マッカラン、グレンリベット、ボウモア、サントリー山崎、ニッカ余市など	ノースブリティッシュ、サントリー知多、ニッカカフェグレーン、キリンシングルグレーンウイスキー富士など

	3 ブレンデッド・ウイスキー Blended Whisky
原料	モルト・ウイスキーとグレーン・ウイスキーをブレンドしたもの
ラベル表記	モルト・グレーン
風味	調和のとれた穏やかな飲み心地
例	オールドパー、シーバスリーガル、バランタイン、ジョニーウォーカー、カティサーク、サントリー響など

1 じっくり味わいを楽しむ「モルト・ウイスキー」

Malt Whisky

モルトとは、大麦の「麦芽」のことです。麦芽のみを原料に、主に単式蒸留機で蒸留するウイスキーの総称が【モルト・ウイスキー】です。

さらに、そのなかでも「1カ所の蒸留所」だけで造られてボトルに詰められたものは【シングル・モルト】と呼ばれ、蒸留所の個性が明確に表現されています。似た言葉に「シングルバレル」「シングルカスク」がありますが、こちらは「1つの樽」の意味です。ラベルに「シングルモルトウイスキー」「シングルカスク」などと書かれていたら、1軒の蒸留所が造ったなかのたった1つの樽のウイスキーから瓶詰めした300本ほどの特別なボトルになります。

2 軽快でスッキリした「グレーン・ウイスキー」

Grain Whisky

グレーンとは「穀物の粒」を意味しています。トウモロコシや小麦、ライ麦などを原料に造られたウイスキーの総称が【グレーン・ウイスキー】です。

先のモルト・ウイスキーと異なり、こちらは「連続式蒸留器」で蒸留するため、味わいが軽く穏やかです。別名"静かな蒸留酒"「サイレントスピリッツ」とも呼ばれ、グレーンのみで造られたウイスキーは世界でもごくわずかしかありませんが、大麦の生産国ではない日本では、グレーンのみで造るウイスキーを多々見かけます。

原価の安い穀物原料で造ることや大量生産も可能なため、大半はブレンド用として使用されるグレーンがほとんどです。

3 世に知れ渡る名作揃いの「ブレンデッド・ウイスキー」

Blended Whisky

モルト・ウイスキーと、グレーン・ウイスキーをブレンドさせたものが【ブレンデッド・ウイスキー】で、市場のウイスキーの大半を占めています。

個性的で力強さのあるモルト・ウイスキーに、軽快で大人しいグレーン・ウイスキーをパズルのように合わせることで、オリジナリティある味わいを造ることができるのです。

このブレンドの際に、どことどこの蒸留所のモルトをどれくらいの比率でブレンドさせるか、マスターズディスティラーズと呼ばれるブレンド職人の技の出番です。

この絶妙なバランスを見事に完成させたブレンデッド・ウイスキーは、個性を強調したシングル・モルトよりも飲みやすく、お手頃なスタンダード品から、長期熟成によるブレ

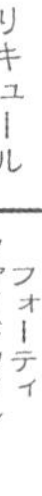
フォーティファイドワイン

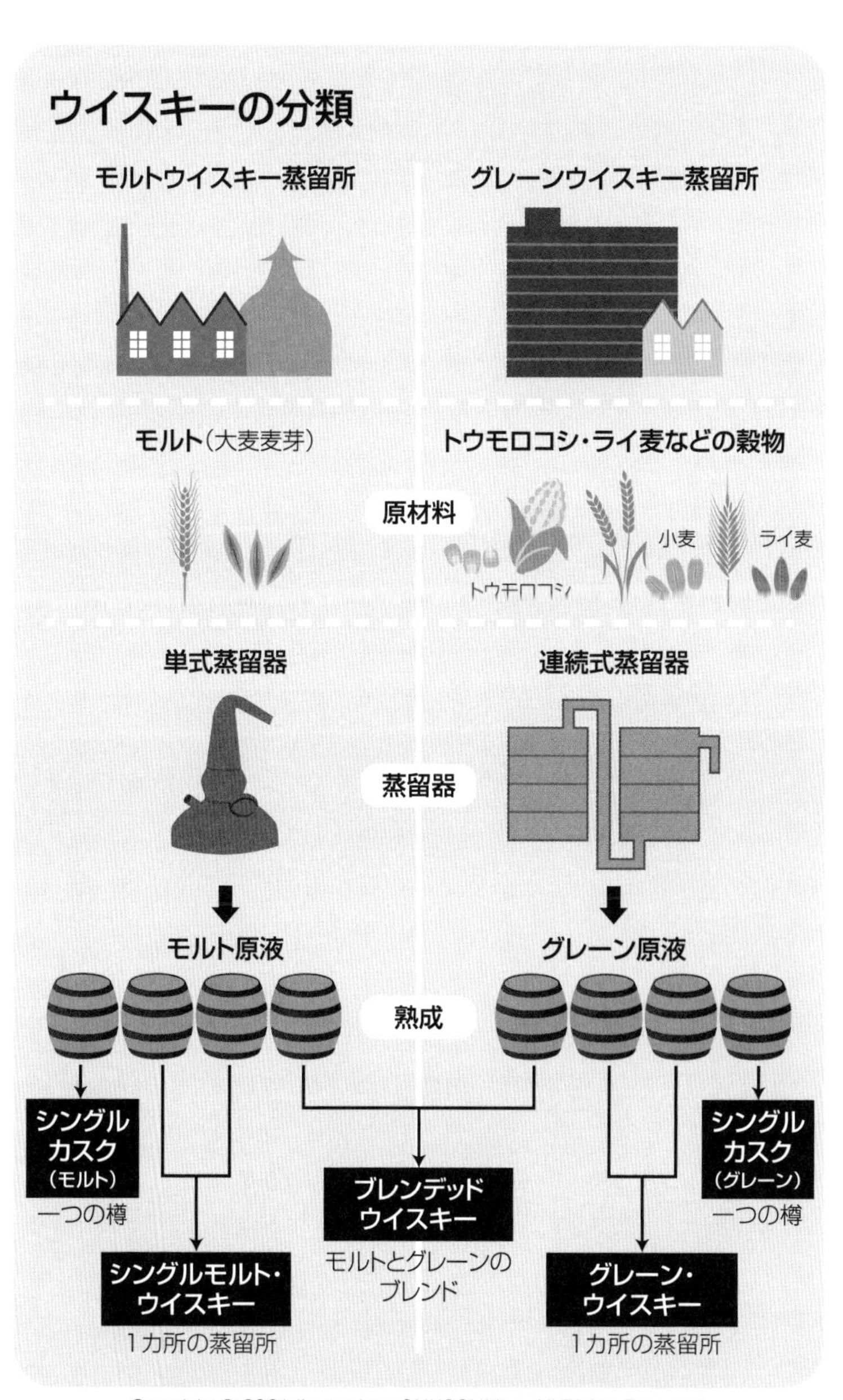
ウイスキーの分類
モルトウイスキー蒸留所
グレーンウイスキー蒸留所
モルト（大麦麦芽）
トウモロコシ・ライ麦などの穀物
原材料
トウモロコシ
小麦
ライ麦
単式蒸留器
連続式蒸留器
蒸留器
モルト原液
グレーン原液
熟成
シングルカスク（モルト）
一つの樽
シングルモルト・ウイスキー
1カ所の蒸留所
ブレンデッドウイスキー
モルトとグレーンのブレンド
グレーン・ウイスキー
1カ所の蒸留所
シングルカスク（グレーン）
一つの樽

ミアム品まで価格の幅もとても広いので、お財布と相談しながら好みの1本を選べるのも嬉しいものです。

このように、多くのウイスキーはこの3つに大別されますが、それぞれの蒸留所が生み出す個性ある味わいをじっくりと堪能するならモルト・ウイスキー、ゆっくりとなめらかな味わいを楽しむならブレンデッド・ウイスキー、といえるでしょう。

雑 学

ウイスキーやブランデーは熟成法がカギ！

魅惑の琥珀色に輝くウイスキーやブランデー。焼酎やウオッカ、ジンなど蒸留酒同様に、蒸留したての時は無色透明ですが、ウイスキーやブランデーのように色のついた蒸留酒はすべて蒸留後に「木の樽」で熟成させます。貯蔵期間だけではなく、樽の素材やサイズ、樽の横に積むのか、縦に重ねるのかなど、熟成方法による様々な条件で風味が変わります。

さらに重要なのは貯蔵庫周辺の気候風土。森の中か？　海に近いか？　など、実に様々な環境下の熟成過程で魔法の時間を過ごし、素晴らしい味わいが誕生します。

この熟成期間が味わいを形成させるといっても過言ではありません。

生産国によって最低熟成期間の規定は異なりますが、通常は2～数年、さらに10年以上熟成されるものも多くあります。この熟成期間中に透明な原酒は琥珀色になるのです。

WHISKY

ウイスキーができるまで

まず重要なのは、ウイスキーに適したデンプン質を多く含む二条大麦の品種選定をすること。選ばれた二条大麦を水に浸す「浸麦（しんばく）」から発芽させ、乾燥させ、麦芽（モルト）を造ります（この時に焚（た）くピートの焚き具合を調整して、ピート香を強くつけるかつけないかで味わいが決定する）。次に麦芽を粉砕し〝お湯を入れ〟糖化。糖化が終わり、甘くなった麦汁（ウオッシュ）に酵母を加えて発酵させます。ここまではビールと同じですね。発酵が終わると「蒸留家のビール」と呼ばれる低アルコールの液体が誕生します。

モルト・ウイスキーは「単式蒸留器（ポットスティル）」、グレーン・ウイスキーは「連流蒸留器」で蒸留されます。蒸留後は水のように透明な液体でアルコール度数も70〜80度ありますので、樽に貯蔵する前にこの時点で加水され、アルコール度数を調整します。樽の材質や大きさ、貯蔵年数によってウイスキーの個性的な味わいが形成されます。

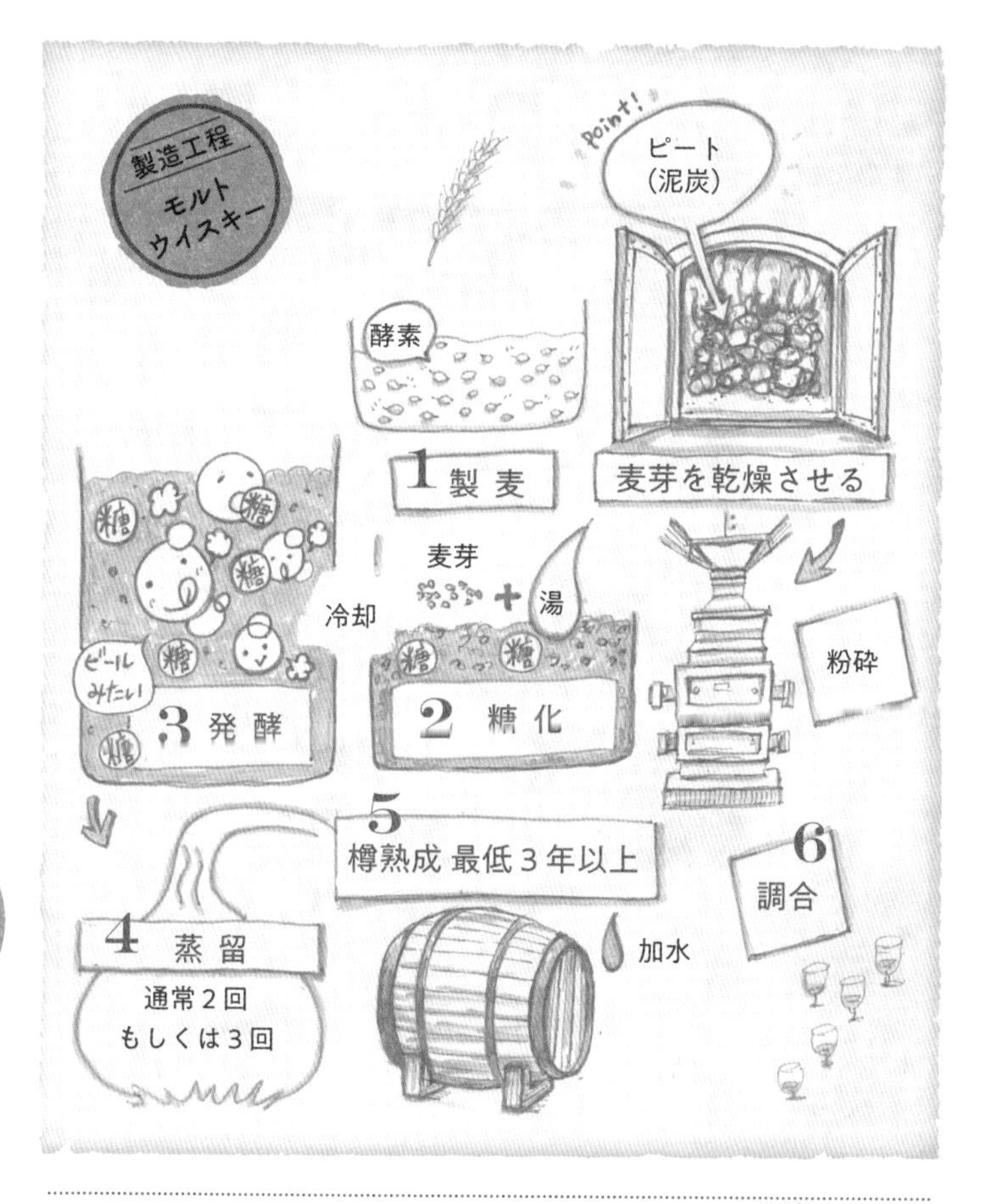

1 大麦を発芽させ「麦芽（モルト）」を造り乾燥させる（製麦（せいばく））
※アルコール発酵に必要な糖を作り出す酵素を生成させる

2 粉砕した麦に温水を加えて糖化させる（糖化）

3 酵母を加え、発酵を促す（発酵）※ここまではほぼビールと同様

4 単式蒸留器で２～３回の蒸留を行う（蒸留）
※蒸留法は造り手のポリシーで異なる

5 樽による熟成で、スコットランドの場合は最低３年以上

6 様々な樽の原酒をブレンドしながら味わいを決定する（調合）

WHISKY

世界五大ウイスキーと起源

今、世界では、フランス、イタリア、スウェーデン、チェコ共和国、アイスランド、台湾、インド、タスマニア島、南アフリカ共和国など、実に様々な国でウイスキーが造られています。これまでウイスキーと馴染みがなかったような国でも革新的なウイスキーが生産されていますが、世界で楽しまれるウイスキーの大半が「五大ウイスキー」と呼ばれる5つの国で造られています。

それぞれの国で定義があり、法律によって製法や熟成期間なども定められています。

次項からその特徴を見ていきましょう。

WHISKY

世界五大ウイスキー❶イギリス
［スコッチ・ウイスキー］

イギリス北部のスコットランド地方で産するウイスキー。ウイスキーの代名詞ともいわれるほど有名な産地で、200年以上もの間、伝統製法を守り続けています。

火山国であったスコットランドは広大。さらに、特別な地形は、良質な大麦や豊かな湧き水を生み、ウイスキー造りには欠かせない豊富なピート（泥炭層）を持っています。年間を通して冷涼で温度差が少ない気候は、ゆっくりと静かな熟成効果を産むという、まさにウイスキーにとって最適な気候風土なのです。さらにスコットランドのウイスキー製法は、厳格な定義で守られており、素晴らしいウイスキーを誕生させてきました。特にピートによる、スモーキーで芳醇な香りも大きな特徴です。広大なこの地には100以上もの蒸留所がありますが、次ページの6つの産地に分類されます。産地によって大きく特徴が異なり、風味も違います。スコッチウイスキーを選ぶ時はこの地区の特徴が重要なポイントともいえます。

スコッチウイスキー6つの産地

アイランズ
北部から西岸沖に点在する6つの島々で産するウイスキーを総称する。それぞれの島で1～数種の個性ある味わいを生み出している。

スペイサイド
ハイランド地域の一角で黄金の三角地帯と呼ばれ、50以上の蒸留所が集中する。名だたる蒸留所も多く、繊細でまろやかな味わいが主流。

ハイランド
スペイサイド以外のスコットランドの大半を占める広大な地域に30ちかくの蒸留所が点在する。フルーティーなものからスパイシーな味わいまで幅広い。

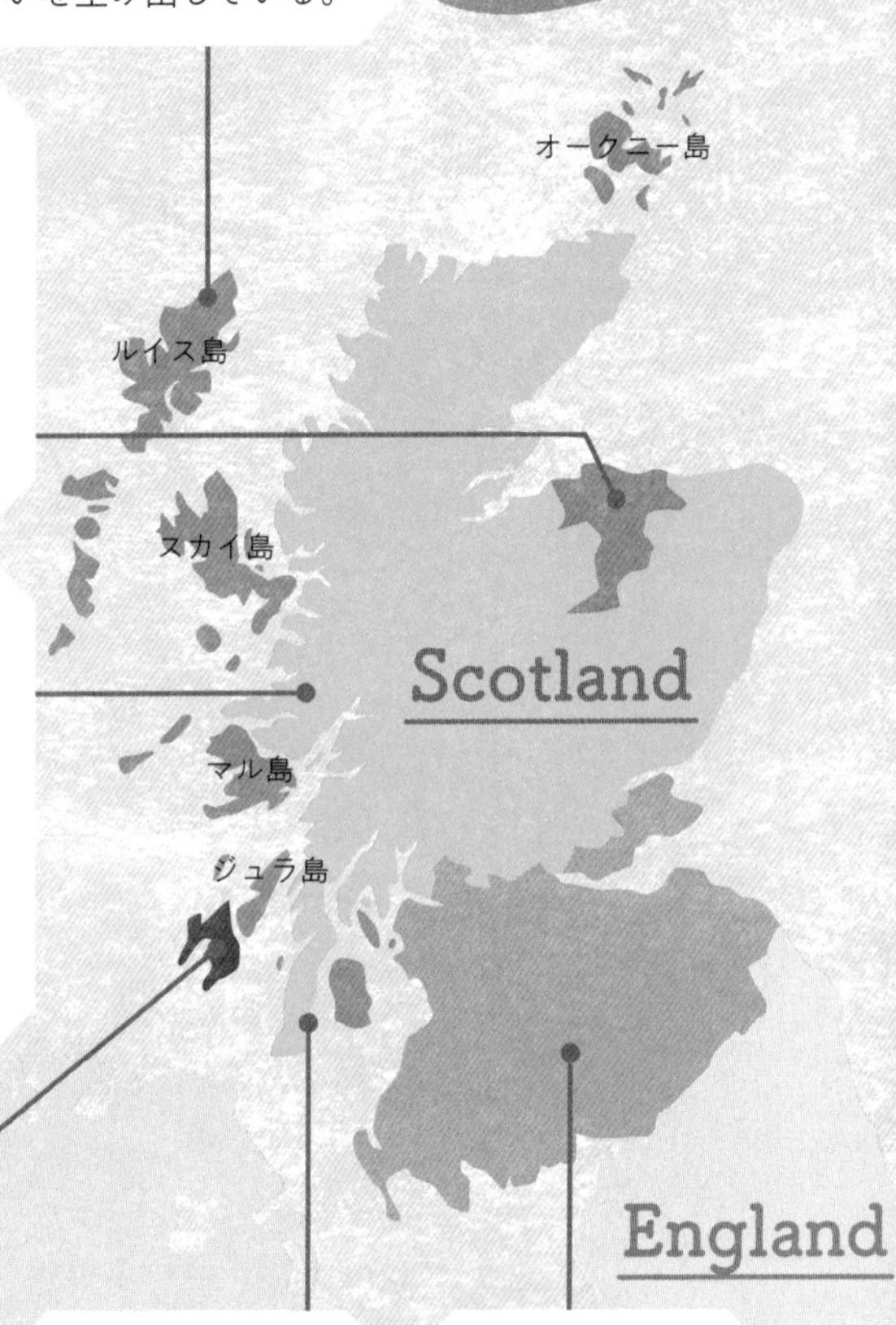

アイラ
2019年に1社増え現在稼働中の蒸留所は9となった。ピートの香味が際立ち、個性ある味わいが特徴。

キャンベルタウン
キンタイア半島の先端にある地区。かつてはウイスキーの首都と呼ばれるほど繁栄していたが、現在は3蒸留所で5銘柄を製造。

ローランド
イングランドと国境を接し、低地を意味するこの地域には10ほどの蒸留所を持つ。軽やかなドライタイプの味わいが多い。

雑学

イギリスはスコットランド以外でウイスキーを造っていないの？

ウイスキーの代名詞でもある北部のスコットランド以外でもイギリスではウイスキーを造っています。

ご存知の通り、イギリスは４つの非独立国で構成されていますが、イングランドでは100年ぶりに「イングリッシュ・ウイスキー」が復活、南西部のウェールズの「ウェルシュ・ウイスキー」も100年以上ぶりと、共に復活を遂げました。

現時点ではまだ生産量は多くはありませんが、その土地ならではの味わいのウイスキーを産しています。

ウェールズで2004年から販売されている「ペンダーリン蒸留所」のウイスキーは、世界に一つしかないといわれる斬新な蒸留器を使用していますが、なんと１年間分の生産量が、大手蒸留所の１日分ほどしかありません。イギリスでもこのような伝統的なクラフトウイスキーが注目されています。

また近年はイタリアで初のウイスキー蒸留所が誕生したり、ワイン王国フランス・ボルドーでも誕生するなど、ウイスキーの産出国が変わりつつあります。今後が楽しみですね！

WHISKY

教えて!

ピートってなに?

ウイスキーの世界ではピートという言葉が数多く出てきます。

ピートとは「泥炭（でいたん）」のこと。日本では北海道などの地域で泥炭層を見ることができますが、泥炭が重なった地層の一部がピートです。

この泥炭層ができる地帯は、1年中冷涼な気候でシダやコケ類などが生い茂る場所です。その植物が枯れ、その上から若い植物が生えて覆いかぶさり、また枯れて、を繰り返して枯死（こし）した植物遺骸の層が作られます。やがて炭化した層は、数千年の時をかけて、厚い泥炭層が自然に形成されてゆきます。

1年間に1ミリほどしか厚くならないのですが、スコットランドには1万年以上かけて形成された泥炭層もあります。先人たちはこの泥状態のピートを乾燥させると燃料性があることを見つけました。ピートはまさに天然の資源だったのです。

スコッチウイスキーを醸すスコットランドではこのピートを採掘、火で燃やし、その燃やした熱い蒸気で麦芽を乾燥させます。その煙が麦芽の中に移り込み、時間をかけて燻(いぶ)すことで、独特のスモーキーな香りのスコッチ・ウイスキーが生み出されるのです。このピートを使用する製法がスコッチ・ウイスキーならではの大きな特徴です。

このピートを採掘する場所や泥炭層の深さ、使う量、燃やす時間などで仕上がるウイスキーの香りに特徴が出てくるため、スモーキーな香りが大人しいものや、強いものまで様々です。

スコッチ・ウイスキーのなかでも特にアイラ地区のものはヨウドが強く、強い個性のある味わいになります。

ピートの香りが強いものを「ピーティーなウイスキー」や「ピーテッド・ウイスキー」と表現します。反対に、ピートの香りをつけたくないウイスキーには、石炭などの他の燃料を使用します。

燃やされるピート

ピート採掘場

スコットランド醸造所訪問記

ウイスキー製造において「気候と水」も重要な役割を果たします。数年前、スコットランドの蒸留所巡りをした季節は8月でしたが、噂にたがわぬどんよりした雲。ジャケット必須の涼しさを肌で感じました。年間平均気温12℃前後で、季節によって大きな変動がないのも特徴です。そして何といってもこの地の銘酒に欠かせないのはスペイ川です。その日の気候や気温によって川の水の色が変化するとのこと！　醸造家が一番喜ぶのが、ウイスキーのような薄い茶色になった時の川だそう。なぜ川の水が茶色に？と尋ねたところ、前ページでお話ししたピートが湧き出ているとのこと。そしてこの茶色くなった水が仕込み水に最適なのだそう。なるほど！　川の水が変化する自然の力もウイスキー造りの重要な要素だったのですね。

大自然の中を流れるスペイ川

WHISKY

世界五大ウイスキー② アイルランド
「アイリッシュ・ウイスキー」

イギリスに属する北アイルランドを含めたアイルランド島全域で造られるウイスキーです。実はスコッチ・ウイスキーよりも古い歴史を持つとされ、18世紀末には無許可の蒸留所を含めると島全域に2000もの蒸留所があり、世界のウイスキーシェアの60%がアイリッシュ・ウイスキーという時代もありました。それは、ウイスキーによって繁栄したアイルランドがその後、一変してしまいます。

1919年のアイルランド独立戦争、1920年アメリカの禁酒法をきっかけに、スコッチ・ウイスキーに市場を奪われ、ついには数軒の蒸留所しか残らないまでに落ち込んでしまいます。その後、残り少ない蒸留所が協力して復活に挑みました。

そもそもがアイリッシュ・ウイスキーの持つそのまろやかで芳醇な香り、クセの少ない正統派の味わい、熟成時の円熟した味わいは素晴らしいものです。次第にアイリッシュ・ウイスキーファンが増え、近年の世界的なウイスキー人気にも後押しされ、今、再注目されています。

アイリッシュ・ウイスキーが人気となる理由の一つが、アイルランドが生み出したオリジナリティある製法です。

スコッチ・ウイスキーと異なり、ほとんどのアイリッシュ・ウイスキーはピートを使用していません。また原料は大麦麦芽のほか、未発芽の大麦やライ麦、小麦などを使い、単式蒸留器で3回蒸留をする伝統的な製法です。この「アイリッシュ・ポットスチルウイスキー」も人気の理由です。また、アイリッシュならではのブレンデッド・アイリッシュやシングル・モルトなど、様々なスタイルのアイリッシュ・ウイスキーがあります。近年はピートを使用した新しいスタイルも生まれています。

数年前までは数カ所しかなかった蒸留所ですが、新しい蒸留所が次々に建設され、現在稼働中の蒸留所は40軒以上にまでなりました。そして新しい銘柄もどんどん誕生しています。この後もその数は今後増える一方です。なぜならそれらはまだ製品化されていないからです。

というのもウイスキーは熟成させることが定義の一つです。アイリッシュ・ウイスキーはアイルランド島で3年以上熟成しなければなりません。

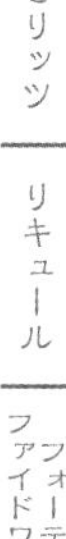

新蒸留所では今、多くの樽が熟成され、ボトル詰めされる時を待っているのです。ますます楽しみなアイリッシュ・ウイスキー！　新しい時代に大きな期待がかかりますね。

アイルランドといえば、パブですね。どんなに小さな街でも必ず１軒のパブはあるそうです。
日本でアイルランドウイスキー＆スピリッツを専門に扱うインポーター「タイタニック」では、レアなアイリッシュ・ウイスキーと出合えます。▶

WHISKY

世界五大ウイスキー③アメリカ「アメリカン・ウイスキー」

五大ウイスキーのなかで最も力強さを感じる味わいを持ちます。アメリカのウイスキー＝バーボンと思われる方も多いのですが、主にケンタッキー州で造られるのが「バーボン・ウイスキー」で、テネシー州で造られるのは「テネシー・ウイスキー」です。

以前はケンタッキー州バーボン郡で造られていたため、バーボンという名称になりましたが、現在ではアメリカ全土で造られています。

アメリカン・ウイスキーは、カラメル色素の使用を禁止するなど、連邦アルコール法により厳しい規定のもと、下表の7種があります。

アメリカン・ウイスキーの種類

- ■バーボン・ウイスキー
- ■ライ・ウイスキー
- ■コーン・ウイスキー
- ■ホイート（小麦）・ウイスキー
- ■モルト・ウイスキー
- ■ライモルト・ウイスキー
- ■ブレンデッド・ウイスキー

アメリカン・ウイスキーが他国のウイスキーと少し違うのは原料。アメリカの開拓者たちが広大な大地で育んだトウモロコシを主に、大麦、小麦、ライ麦など様々な穀物で造られ、その原料の割合や製造方法などによっていくつかの種類があります。なかでもトウモロコシを主原料とするバーボンはアメリカン・ウイスキー全体の約半分を占めるほど、人気の高いウイスキーです。

アメリカン・ウイスキーは何となく新しい文化のウイスキーと思いがちですが、17世紀頃に欧州からの移住者によって造り始められました。その後、アメリカの独立運動や禁酒法などによっていくつもの困難や混乱した時期を乗り越えながら、開拓者たちがその地で産する農作物を原料に伝統をつないできました。今、私たちがおいしいバーボンを飲めるのも開拓者たちのおかげだったのですね。

WHISKY

世界五大ウイスキー④カナダ
「カナディアン・ウイスキー」

スコットランドに次いで生産量が世界第2位、そして世界五大ウイスキーのなかで最も軽快でなめらかな味わいを特徴とするのがカナダ産ウイスキーです。

私がウイスキービギナーの方にまずお勧めするのはクセがなく、ライト&スムースの飲み心地を楽しめるこのカナディアン・ウイスキーです。

カナダがイギリス領だった時代、イギリスからの入植者は本国から輸入していたウイスキーを飲んでいました。

その後、アメリカの独立戦争が勃発し、独立に反対したイギリス人がアメリカからカナダに移住し、豊富な農作物のライ麦を主原料に現地でのウイスキー造りが本格化したのです。

さらに拍車をかけたのが、アメリカの禁酒法時代。アメリカ国内で酒類の製造や販売が禁止されるなか、隣国カナダのウイスキーが密輸されていたのです。何としてもウイスキーを飲みたかったのでしょうね！

一説によると、世界的に有名なギャングであるアル・カポネはアメリカとカナダの国境にあるデトロイト川を渡り、カナディアン・ウイスキーの蒸留所に足しげく通ったそうです。

国境を越えてまでウイスキーを求めたアメリカ人のおかげで、飲みやすくライトな味わいのカナダ産ウイスキーは大好評となったのでした。現在でもカナディアン・ウイスキーの消費量の7割はアメリカです。

日本にはあまり多くの銘柄は輸入されていませんが、カナディアン・ウイスキーはクラフトウイスキーの先駆けでもあり、小規模を含めると80蒸留所もあります。

ライトな味わいの理由の一つが、蒸留方法を駆使しながらもスパイシーなウイスキーとクセの少ないウイスキーをブレンドして造る【ブレンデッド・ウイスキー】の味わいだと思います。メイプルを入れた甘い香りのするものもあります。

カナディアン・ウイスキー未経験の方にはぜひ一度お試しいただきたいです。

ライトな味わいだからこその魅力があり、水割りで気軽に楽しみたい時などにもお勧めです。

WHISKY

世界五大ウイスキー⑤日本
「ジャパニーズ・ウイスキー」

世界五大ウイスキーのなかに日本ウイスキーが名を連ねていることは喜ばしいことです。NHK連続テレビ小説にもなった『マッサン』を観た方はご存じかと思いますが、日本のウイスキー産業は20世紀に入ってからのことです。

1923（大正12）年、サントリーの前身である大阪の「寿屋」が京都の山崎の地にウイスキー蒸留所を造ったのが始まりです。

五大ウイスキーのなかでもまだ100年足らずの歴史。その日本のウイスキーの父と呼ばれるのがスコットランドでウイスキー醸造学を学び、サントリーのウイスキー醸造に貢献、後に北海道でニッカウヰスキーを創業する竹鶴政孝氏でした。

当時の日本は日本酒や焼酎同様、酒税に等級制度があり、ウイスキーにも特級や一級二級が存在していました。これまでにご紹介した世界のウイスキーは、農作物を原料にした地理的背景、歴史的背景、政治的背景の中で、原料や製造方法、熟成年数など厳しい法律で守られ、各国それぞれのウイスキー文化を築き上げてきました。ただ、日本においては、海外で人気のウイスキーをお手本に造り上げたので、歴史もなければ、原料や添加物、製造方法、熟成年数に至るまで厳格な法律も明確化していませんでした。

雑学

水割りの始まり

私たちが今楽しんでいる水割り、実は日本で生まれました。かつて大量生産で品質が低い大手メーカー産の国産ウイスキーが皮肉なことに「水で割る」という新しい文化を作ったのです。なぜなら、稲作文化中心の日本において、稲以外の穀物で造るには原料調達も困難で、酒質も世界の基準とはかけ離れていたものでした。そこで苦肉の策として水で割って飲む文化が生まれたのです。

その後、世界からジャパニーズ・ウイスキー＝イミテーションウイスキーという厳しい評価をされたことで奮起したのか、国産ウイスキーメーカーは大きな飛躍を遂げます。原料、蒸留技術、熟成方法が格段に向上、2001年頃から世界のウイスキーコンクールに入賞するまでになりました。世界的に認知度も上がりましたが、このあたりからウイスキーは投資目的のものになってきてしまいました。水で割らずにおいしくいただける日本のウイスキー、普通に楽しみたいものですね。

WHISKY

ついに「ジャパニーズ・ウイスキー」の定義が登場！

近年日本では北は北海道から南は九州に至るまで新しいウイスキー蒸留所が増えています。２００８年に開業した秩父の「イチローズモルト」がベンチャーウイスキーとして成功したのをきっかけに、日本酒や本格焼酎などの酒造メーカーでもウイスキー醸造を手がけるようになりました。

大手メーカーに比べると流通量は多くはありませんが、昨今の世界的なウイスキーブームで人気に拍車がかかっています。

このように、こだわりの蒸留技術を駆使した製法や熟成方法で、個性的で素晴らしい味わいの日本産クラフトウイスキーが次々に誕生し、輸出量も年々増加しているのは大変喜ばしいことです。とはいえ、一方で国内消費の大量生産品には少々問題があります。ウイスキー国としては歴史が浅い日本は、他の酒類同様に「酒税法はあっても酒造法はない」のです。

世界のウイスキーは蒸留後、2年から3年の熟成期間をおかなければボトリング

（瓶詰め）できません。しかしながら現在の日本ではそのような「規則がない」ので、未熟成でもブレンドして出荷できてしまいますし、さらには海外から輸入した安いウイスキーを日本で瓶詰めしてジャパニーズ・ウイスキーとしてラベルに記しているものがあるのも事実です。

こうした状況に業を煮やしてか、「ジャパニーズ・ウイスキーの定義」について、国ではなく「日本洋酒酒造組合」が2021年2月12日に独自の基準を定めることになりました。これまで消費者に知らされず、暗黙とされてきた国産ウイスキーの基準を明確化しようと動き出したのです。

［ジャパニーズ・ウイスキーを名乗るための主な要件］

- 原材料は麦芽を必ず使用すること、
- 日本国内で採取された水を使用すること
- 国内の蒸留所で蒸留すること
- 内容量を700リットル以下の木樽に詰め、日本国内で3年以上貯蔵すること
- 日本国内で瓶詰めすること

何もかも当たり前の要件ですが、これまではそうではなかったことを意味しています。そもそもこれが本来のウイスキー基準です。

しかし！　残念ながら現在流通されている国産ウイスキーのなかで、現時点でこの要件に当てはまるのは、ごくわずかなことも確かです。

国産ウイスキーがすべてこの基準になった時こそ、ジャパニーズ・ウイスキーが生まれ変わるチャンスだと思います。

麦の生産国でなくてもせっかく世界に肩をならべたジャパニーズ・ウイスキーが「真の五大ウイスキー」の一つとして世界に認められることを祈ります。

（参考）日本洋酒酒造組合の自主基準について

どんなウイスキーを選ぶ？

ストレート、ロック、水割り、ソーダ割りなど
好みや気分にあったおいしい飲み方が見つかります。
高価なほど熟成年数や味わい深いものが多くなります。

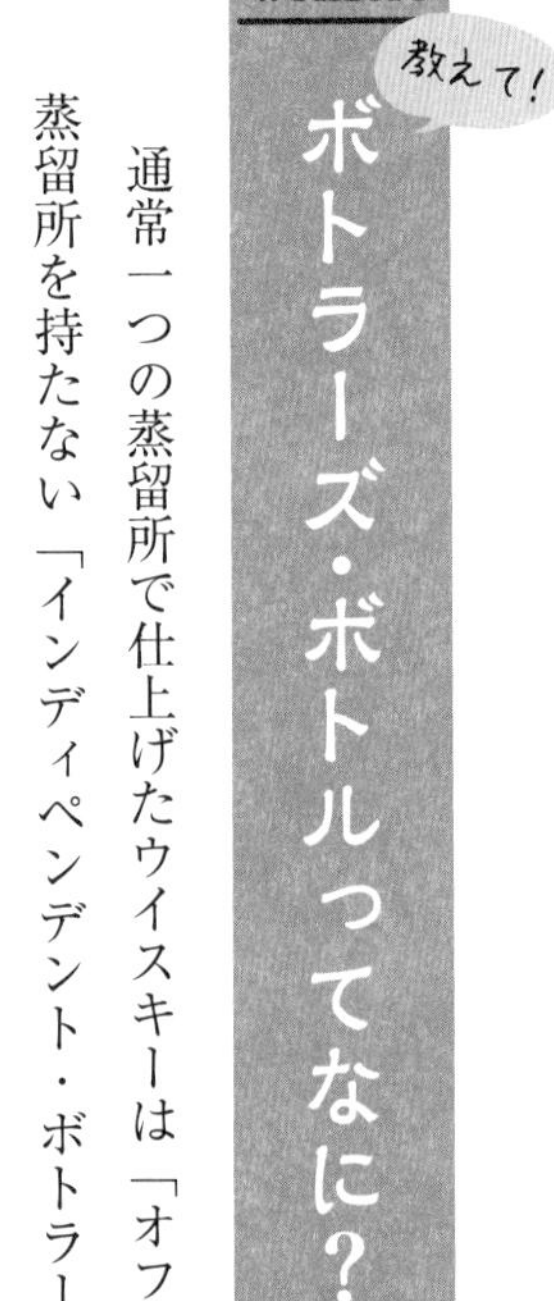

WHISKY

教えて!

ボトラーズ・ボトルってなに？

　通常一つの蒸留所で仕上げたウイスキーは「オフィシャル・ボトル」といいますが、蒸留所を持たない「インディペンデント・ボトラーズ（独立系瓶詰め業者）」と言われる業者が、各蒸留所と契約し、樽で直接買い付け、その樽をさらに熟成させたり、別の材質の樽に詰めかえて熟成させたりと、独自の味わいを完成させるものがあります。このようなウイスキーは「ボトラーズ・ボトル」と呼ばれ、その業者独自の個性ある味わいはウイスキーファンを魅了しています。

　たとえば、オフィシャル・ボトルでは12年物しか発売されていないのに、ボトラーズ・ボトルでは15年物があったり、ヴィンテージものがあったりという具合です。ラベルにはボトラーの名前、樽に使用した蒸留所名、樽番号、ボトリング番号が記載された、完全オリジナルのものです。

お洒落なラベルやレアウイスキーいろいろ

アイリッシュ
「ダンヴィル」

スコッチ
「シグナトリー
イビスコデキャンター」

スコッチ
「エディションスピリッツ」

スコッチ
「ダンカンテイラー」

ウェルッシュ
「ペンダーリン」

イタリアン
「プーニ」

スコッチ
「クルーシャンド・
リンクス」

WHISKY

教えて！

Whisky? それともWhiskey? 「E」の秘密

どちらも間違いではないウイスキーの英語表記。「E」が入っているか否か？　実はウイスキー生産地と造り手のポリシーによって異なります。

イギリス・カナダ・日本 ⇩ Whisky　「E」が付かない
アイルランド ⇩ Whiskey　「E」が付く
アメリカ ⇩ Whiskey・Whisky　両方ある

「E」の謎は「スピリッツSPIRITS（蒸留酒）」の語源であり、ラテン語の「アクアヴィテ Aqua-Vitae（生命の水）」にあります。

このラテン語がゲール語の「ウシュクベーハー Uisge-beatha」に訳された後、時代とともに「ウスケボー Usquebaugh」→「ウィスカ Usqua」→「ウイスキー Usky」に変化してゆきます。さらに英語圏に広がっていくなかで「Whisky」の表記になりました。

19世紀頃、紛い（まが）ものが出回るほど世界はスコッチウイスキーブームになりました。そこでウイスキー発祥地として誇りとプライドを持つアイルランド人はアメリカへ輸出するスコッチ・ウイスキーと差をハッキリさせるため「E」を入れたのです。アメリカに輸入された「E」入りのウイスキーは本物であるとの証拠を刻み抵抗したのです。

その流れでアメリカに移住したアイルランド人が造ったバーボンウイスキーには「E」が入り、イギリスからの移民によって造られたカナディアン・ウイスキーや、スコットランドでウイスキー造りを学んだ日本では「E」が入っていません。

WHISKY

飲み方のスタイルはいろいろ

無理のない飲み方で楽しもう！

琥珀色に輝く黄金の酒。今夜はウイスキーが飲みたくなってきましたか？

アルコール度数も40度ほどと高い酒です。無理にストレートで楽しむ必要もありません。ご自分に無理のない飲み方で楽しんでいただきたいと思います。

特に日本人は、欧米人種に比べてアルコールに弱い人種でもあるのでお水や炭酸で割った飲み方が定着していますし、現代ではあまり酔いたくない場面も多々あると思います。

家飲みも多くなった今、身体に負担のないアルコール度数で楽しめることもいいですね。バーなどでは、そのウイスキーに合った飲み方の提案もしてくれます。

Information

まずはいろいろ味わってみたい！

でもウイスキーを丸々１本購入するのはちょっと……そんな時はミニボトルで味比べ！
当店では五大ウイスキーやモルトの産地別など、味わいを比べていただくための量り売りが人気です。

リカープラザHAKARI URI

飲み方のスタイルはいろいろ。気分に合わせて、こんな飲み方はいかが？

定番の飲み方

オン・ザ・ロック
ロックグラスに大きめの氷を入れて！少しずつ溶けて酒になじみます。

ストレート（ニート）
そのままの味わいを楽しみます。グラスの形状もいろいろあります。

ソーダ割り
氷と炭酸で満たします。酒に対して好みの配分で楽しめます。

水割り
酒とミネラルウォーターを注ぎゆっくりなじませます。氷なしでもOK。

お湯割り
耐熱グラスに、酒とお湯を注ぎます。お湯の温度によっても味わいも変わります。

ちょっと通な飲み方

トワイスアップ
常温のミネラルウォーターと酒を同量で割る飲み方。アルコール度数を下げて味わいを楽しみます。

ミスト
クラッシュアイスを入れたグラスに酒を注いで楽しみます。冷たさはロックとはまた違う味わいです。

ハーフロック
オン・ザ・ロックとトワイスアップを合わせた飲み方。氷を入れたグラスに、同量のお酒とミネラルウォーターを注ぎます。

フロート
グラスにお水を7割ほど注ぎ、少量の酒をグラスの内側に沿うように静かに注ぎます。比重の関係を利用した通な楽しみ方の一つ。

カジュアルな飲み方

アイスソース
お好みのアイスクリームに、「アイスソース」として酒を少量をかけるちょっと贅沢な楽しみ方です。

ジュース割り
トニックやジンジャーエールなどお好みの清涼飲料水で割ります。甘味がありカクテル感覚で楽しめます。

ミルク割り
ソフトでやさしい飲み口になります。胃の負担もやわらげ、色々な酒に合うのが特徴です。氷はお好みに合わせてどうぞ。

雑学

ハイボール＝ウイスキーの炭酸割りとは限らない？

CMのおかげでハイボールといえば、ウイスキーの炭酸割りと思いがちですが、正確には「ハイボール Highball」とは飲み方の一つで、スピリッツやリキュールなどを炭酸で割った「飲み方」を総称したものです。ですので、ジンソーダやラムソーダ、カンパリソーダも含まれます。日本生まれの酎ハイは「焼酎ハイボール」の略でいつの間にかすっかり新しい日本語になりました。

バーや海外でオーダーする時は「スコッチ＆ソーダ」「バーボン＆ソーダ」のようにベース酒を明確にすることをお勧めします。

また、ご自宅でウイスキーソーダを作る時にお勧めなのは瓶入りの炭酸です。ペットボトルの炭酸よりガス圧が高いので、シュワシュワ感がまったく違います。

黄金比はウイスキー1：ソーダ4の割合といわれていますが、繊細な味わいのスコッチ・ウイスキーなどはペリエなどのナチュラル炭酸で割るとちょっと贅沢な味わいを楽しめます。お好みでレモンやライムをキュッと搾ると、爽快感いっぱいの味わいになります。ご家庭で作る時は分量の割合もソーダも好みで自由に楽しんでください。

BRANDY

第7章
ブランデー

「ブランデー」。その響きだけでラグジュアリー感満載で
ちょっと敷居が高い酒、と思う方も多いかもしれません。
日常生活で飲む機会も少ないし、
ビールやスパークリングワインのように
気軽に乾杯するものではないはず。
でもブランデーの原料は、日常私たちの身近にある
「フルーツ」なのです！
ブランデーは、ブドウやリンゴ、サクランボなどの果物から
造られる蒸留酒です。
そしてブランデーは飲むだけでなく、
ブランデーケーキやお菓子作り、ブランデー梅酒など、
案外、気づかずに楽しんでいる場面がある酒なのです。

BRANDY

果物から生まれたブランデー

一般的に「ブランデー」と呼ばれる有名なものは、ブドウ原料の白ワインを蒸留した「グレープ・ブランデー」ですが、次ページのように、ブドウ以外にも、リンゴやサクランボ、スモモなどもあります。同じフランス産でも、気候的にブドウ栽培に適さない寒冷地では、リンゴから造られるブランデーなど、欧州では「フルーツ・ブランデー」という括りで、その土地ならではの果物で造られています。

果物の香りや甘さを楽しむため、ストレートで味わうだけでなく、炭酸などで割って味わったり、紅茶に入れてみたり、お菓子作りでは風味をグンと増す効果もあるなど、いろいろな楽しみ方があるのもブランデーの魅力です。

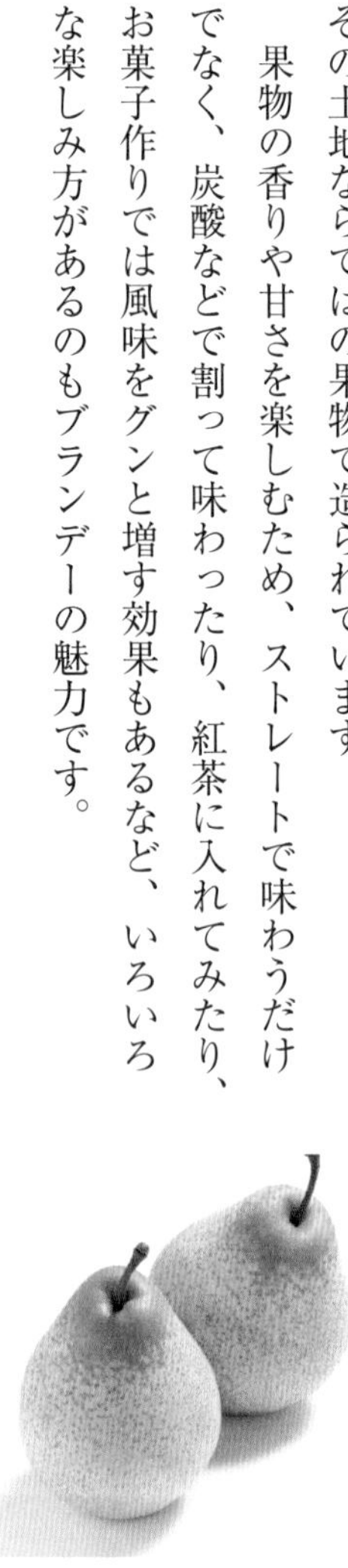

こんなにある！ 世界のブランデー

ブランデー名	産地	原料
コニャック	フランス コニャック地方	白ブドウ
アルマニャック	フランス アルマニャック地方	白ブドウ
カルヴァドス	フランス ノルマンディー地方	リンゴ
アップルジャック	アメリカ	リンゴ
キルシュ・ダルザス	フランス アルザス地方	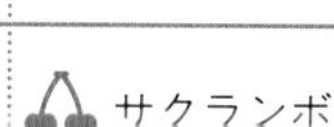 サクランボ
キルシュヴァッサー	ドイツ	サクランボ
ポワール・ オードヴィー	フランス・ ドイツ	 洋ナシ
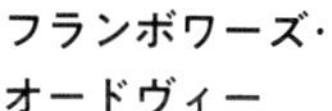 フランボワーズ・ オードヴィー	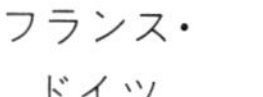 フランス・ ドイツ	木いちご
スリヴォヴィッツ	中欧・東欧など	 プラム
パーリンカ	ハンガリー	プラム、洋ナシ、アプリコット等
グラッパ	イタリア	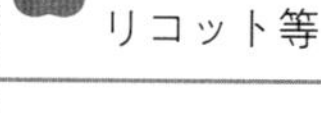 ブドウ（絞り粕）
マール	フランス	ブドウ（絞り粕）
ピスコ	ペルー	 ブドウ

BRANDY

教えて!

ウイスキーとなにが違うの?

ブランデーとウイスキーの違いは何? よくいただく質問です。両者とも同じ蒸留酒で樽熟成させた琥珀(こはく)色の酒ですが、何より違うのは原料です。アルコール発酵には「糖分」が必要ですが、ウイスキー原料の麦やライ麦、トウモロコシなどの穀物はデンプン質なので、まず糖化させる必要があります。対し、ブランデーの原料は果物なので、もともと果実自ら糖分を持っています。そのため、わざわざ糖化する必要がありません。これも、世界中で様々なフルーツブランデーが誕生している理由ですね。

ブランデー	ウイスキー
ブドウやリンゴなどの果実類が原料	大麦やライ麦などの穀物類が原料
↓	↓
原料が**糖質**のため**糖がある**	原料が**デンプン質**のため**糖がない**
	↓
	糖化が必要

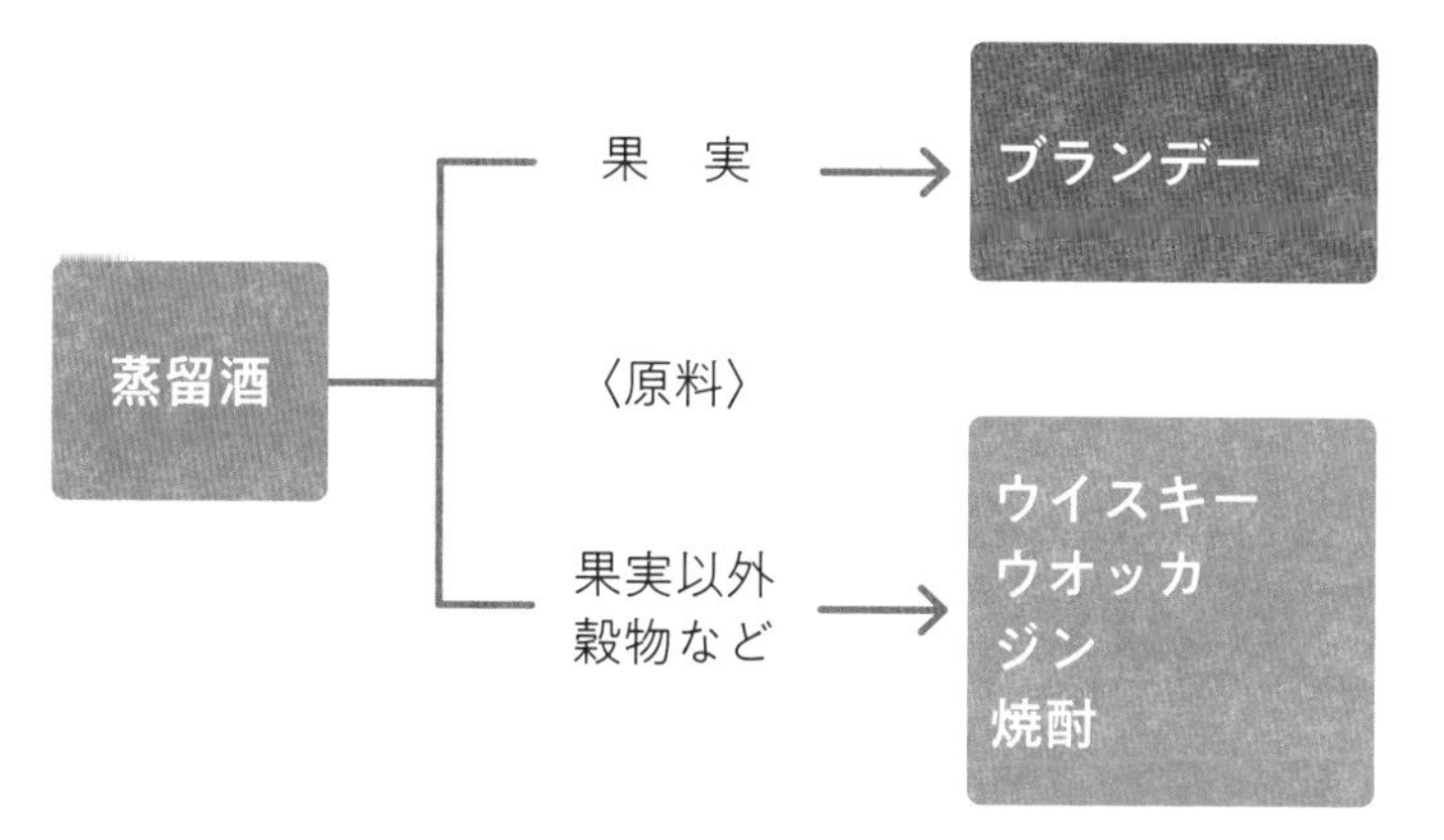

原料は異なるも、ブランデーもウイスキー同様に樽熟成によって琥珀色の酒になる。
左は1970年もののコニャックブランデー

BRANDY

ブランデーのできるまで

前項で解説したように、ブランデーの原料はすべて果物です。それぞれの果物を搾り、その果汁を発酵させます。

ワインはこの段階で終わりですが、ブランデーの場合は発酵が終わった状態のまま、蒸留します。

蒸留方法は二段蒸留、熟成はオーク樽で2年以上など産地によって規定があります。琥珀色のブランデーはこの樽熟成によって生まれます。

樽熟成をさせない、透明なフルーツブランデーもあります。

1 収穫したブドウを潰し、ブドウジュースにする（圧搾）

2 ブドウの糖分と酵母で自然に発酵し、白ワインが誕生（発酵）
※ここまでは白ワイン製法と同様
※ブドウには糖分があるので麦のような糖化の必要はない

3 アルコール発酵を終えた白ワインを２段階に分けて蒸留する（蒸留）

4 オーク樽で２年以上熟成させる（樽熟成）

5 熟成された年数の違う樽などをブレンドしながら味を決定（調合）

BRANDY

「生命の水」から「焼いたワイン」へ

フランスではブランデーのことを「生命の水」を意味する「オードヴィー Eau-de-vie」といいます。紀元前からワインは儀式用や薬として利用されていました。そのワインを蒸留することによって濃縮され、より効果のある治療薬が作れると考えられていたのです。実際、中世の医学専門書のなかで、蒸留したワインは「生命の水」を意味するラテン語の「アクア・ヴィテ」として治療効果のある新薬と称されています。

後の16世紀頃、海の冒険者オランダ人が、長い航海の間に樽の中で酸化してしまうワインを少しでも長く保存するために、焼いた（蒸留した）ワインのオランダ語「ブランデヴェイン Brandewijn」を造ります。

やがてイギリスに渡った「焼いたワイン」は、その芳醇（ほうじゅん）な味わいが瞬く間に人気となり、英語が訛（なま）って「ブランデー Brandy」となったようです。

BRANDY

世界三大ブランデー

フランスで造られるブドウ原料のブランデーを総称して「フレンチ・ブランデー」、リンゴ原料は「シードル・ブランデー」といいますが、中でも、

◆コニャック地方の**【コニャックブランデー】**
◆アルマニャック地方の**【アルマニャック】**
◆ノルマンディー地方の**【カルヴァドス】**

この3つは、それぞれ、生産地域、原料品種、蒸留方法、熟成方法、熟成年数などのプロセスがフランス政府のワイン法で厳しく規定されている別格品で、世界三大ブランデーと呼ばれています。それぞれの特徴などは、236ページ以降でご紹介しますが、その前にまず、なぜブランデーが高級酒といわれるのかをお話ししますね。

カルヴァドス
France
コニャック
アルマニャック

なぜブランデーは高級酒なのか？

数ある蒸留酒の中でもブランデーだけはなぜか高級感が否めませんね。その最たる理由は、他のウイスキーやスピリッツと比べると、原料そのものの価格が高いから。そして長期に渡る熟成期間が必要とされるからです。もちろん最低熟成期間が短いものもありますが、ブランデー特有の甘い香りと芳醇な味わいは、樽の中でじっくり眠る時間から生まれます。熟成期間がそれぞれの価格に影響されるのです。

熟成されたブランデーの味わいに魅せられたフランス王ルイ14世は、この価値を守るため、1713年にフランス産ブランデーを保護する厳しい法律を作りました。以降、欧州各国の宮廷で広まり、「王侯や貴族の酒」としての地位を確立してゆきます。

同じく樽で熟成するウイスキーも17年や30年ものなどラベルに年数表記がされているものは高価になりますが、ブランデーにはこの年数表記は基本的にありません。そのかわり熟成年数によって、厳しい基準のもとランク分けされます。そのランク名がV.S.O.P.やナポレオン、X.Oという表記で表されています（次ページ参照）。

どんなブランデーを選ぶ？

コニャック・ブランデーの場合、
ブランデーのランクは熟成年数と
ブドウ収穫地で決まります。
熟成ランクによって、価格帯も様々ですが
芳醇な香りとまろやかな味わいをお楽しみください。

最低熟成年数		特徴
2年間	☆☆☆ (スリースター) V.S. (Very Special)とても良い	価格は3,000円前後と、 ブランデーの中では気軽に 購入できる価格帯。 ソーダ割りやカクテルベース、 お菓子作りにも!
4年間	V.S.O.P. (Very Superior Old Pale) とても優れて古く澄んだ	最低熟成は4年だが、平均で 6〜10年以上のブランドが多い。 価格帯は5,000〜10,000円 ぐらい。
6年間	NAPOLEON (ナポレオン)	平均熟成年数12〜15年が多い。 フランス皇帝ナポレオンの名!
10年間	X.O. (エクストラ・オールド)	このクラスは平均熟成年数 20〜25年と、風味も価格も一気に ランクが上がり、価格帯は数万円。
6年間以上	Hors d' age (オール・ダージュ)	熟成年数は6年以上だが、 X.O.より高品質であること。
10年間以上	Extra (エクストラ)	最上級クラス。 2018年3月出荷分までは6年以上 熟成だったが、4月出荷以降は 10年以上に基準が変更された。

※アルマニャック地区やカルヴァドス地区ではこのランク表記の内容が異なります

多くのブランデーは、様々な熟成年数の樽原酒をブレンドしながら調合し、一つの商品になります。単一の熟成年数の原酒のみで造ることはほとんどありません。

三大ブランデーに対しては、A.O.C.（原産地呼称）によって、ブレンドする原酒の満たすべき最低樽内熟成年数（※1）ごとに規定があり、ブレンドする樽原酒の最も若い熟成年齢に従って、V.S.O.PやナポレオンX.O.といったランクの呼称が定めているのです。

たとえば、コニャック・ブランデーの場合、「V.S.O.P.」は最低熟成年数4年以上、「ナポレオン」は6年以上です。生産地やメーカーのポリシーによってこの年数は異なります。あくまでも「最低年数」で、実際にはこの年数以上の原酒が使用されていることが多く、V.S.O.P. の場合、多くが平均熟成年数は6～10年です。この樽熟成による年数で、琥珀色の濃さも変わってくるのです。

さらに、熟成年数だけでなく、樽はオーク樽でなければならないという規定に加え、それぞれのランクで使用しても良い原料ブドウの収穫地などにも規定があります。

あるメーカーの最高峰のものは数十万円しますが、これらは、１００年以上熟成した原酒を使用していますが、熟成期間が長いというだけではなく、原料となる白ブドウの生産地区が限定され、ブドウ原価そのものも高額であること、さらに商品価値を高めるために、ボトルの素材がクリスタルであることも高価になる理由です。バカラクリスタルに詰められ、ずっしりと重厚感のあるボトルの風格は見事です。

ただし、残念ながら日本の酒税法上では、このような厳格な年数規制はありません。しかも着色しても良いことになっていますので、残念ながら国産ブランデーはここに当てはまりません。

※1 樽熟成の1年間を「コント」という表現をします。熟成2年間はコント2になりますが、ここではわかりやすく年数で表記しています

雑学

ランク名に英語表記のあるものがあるのはなぜ？

V.S.O.Pは、Very Superior Old Paleの頭文字です。フランス産なのに何で英語？と思いませんか？　それは世界でブランデーが愛飲されていることを想定して英語圏でもこのランクが理解しやすいように、とのこと。さすがです！　実際、コニャックの場合は、イギリスやアメリカを主に生産量の98％が輸出されています。フランスで楽しまれるだけでなく、世界中で愛されているのですね。

BRANDY

塩とワインの町が生んだ偉大な酒「コニャック・ブランデー」

フランスワインの名産地ボルドーから120キロほど北にあるシャラント県の「コニャック」町で厳密な法律のもと造られるのが、ブランデーの代名詞といっても過言ではない【コニャック・ブランデー】です。

コニャックでは、ローマ人に植民地化された紀元3世紀頃にはすでにブドウの栽培が始まっていたようです。現在はコニャック用の白ブドウ品種「ユニ・ブラン」の占有率98%以上と、まさにコニャックのための土地といえます。

コニャックの持つ芳醇で高貴な味わいはブランデーのなかでも最高峰と称され、世界中で楽しまれています。コニャック町には4000件以上のブドウ栽培農家兼蒸留家がありますが、そのほとんどが小規模です。

人口1万8千人ほどの小さなコニャックは12世紀頃までは塩とワイン産地としても栄えた地域ですが、その後に起こる様々な歴史的、政治的、地理的背景によって、だ

Sachi Wines
現地コニャックから発信される楽しい詳しいブログ発見！

んだんブランデーの地として繁栄してゆきます。次第に品質も向上していったコニャック産ブランデーは、英国商社が次々にブランドを立ち上げるほど注目を浴びることになります。

19世紀前半には、樽による熟成方法も見出され、熟成による芳醇な味わいはさらに上級階級の人々を魅了し、高価な蒸留酒として世界中にその名をとどろかせるまでに市場が成長したのです。

五大コニャックと呼ばれる「ヘネシー、マーテル、レミー・マルタン、クルボアジェ、カミュ」のいずれも大手ブランドが全体の8割以上を占め、コニャックという名称を世界に広げています。

残りの2割は小規模なブランドですが、実は、五大コニャックにも勝る、すばらしい銘品が数多くあります。コニャックを選ぶ時、酒類専門店でお勧めされるブランデーは有名ブランドよりも小規模ブランドの少量生産のものであるはず。きっと感動を超えた味わいに出合えることでしょう。

BRANDY

フランス最古のブランデー産地が生む「アルマニャック・ブランデー」

正式名称は、オー・ド・ヴィー・ド・ヴァン・ダルマニャック（Eau-de-vie de vin d'Armagnac）。コニャック同様に、厳しい規制のもと、ボルドー地方の少し南東に位置するガスコーニュ地方の小さな町「アルマニャック」で白ブドウを原料に造られるブランデーが【アルマニャック・ブランデー】です。

歴史的にはアルマニャックはコニャックより700年も前から蒸留酒が造られており、フランス最古のブランデー産地でもあります。

コニャックに比べるとはるかに小規模で家族経営が多く、5分の1ほどのブドウ栽培面積しか持たないため、生産量も少ないのですが、コニャックに負けず劣らず素晴らしい風味と品格のある銘酒を生み出しています。

コニャックと同じA.C.C（原産地呼称）の格を持ちながらも、アルマニャックが大きな表舞台に立っていないのは、コニャックのような巨大ブランドが存在しないからです。その代わり、ごく小さな家族経営的なブドウ栽培農家兼蒸留家が少量の質の良いアルマニャックを造っています。

ブランデーファンのなかでも、アルマニャックを高く評価する方も多く、今も多くの人を魅了しています。お高くとまっている感じ？　のするコニャックに比べるとアルマニャックは人間味があるように感じてしまうのは私だけでしょうか？

アルマニャックに伝統的に伝わる蒸留方法とこだわりの熟成方法は、何よりそのブドウが育つ土壌がコニャックとは異なる風味が楽しめます。

コニャックのほとんどは異なるヴィンテージのブレンドをして製品化するために収穫年の年号表記はされませんが、アルマニャックは良い出来のブドウのみを使用し、熟成させたヴィンテージが存在します。

BRANDY

小説で有名になったノルマンディー生まれの「カルヴァドス」

コニャックやアルマニャックと同様に、フランスワイン法の「A.O.C.」で厳しく守られているブランデーがリンゴから造られた「カルヴァドス」です。

ノルマンディー地方の地酒で、ドイツの作家レマルクの長編小説『凱旋門』の中でたびたびカルヴァドスを飲む場面が描かれたことで有名になったともいわれています。

フランス北部の寒冷地ではブドウが生育しにくく、その代わりに神様は「リンゴ」というおいしい果実を、このフランス北部のノルマンディー地方に授けたのです。

そのおいしいリンゴを発酵させて造る発泡性の酒「シードル」も、ここノルマンディーが発祥です。

リンゴの酸味と甘みがスッキリとした心地良い味わいを持つこのシードルは一度「本物」を飲んだらそのフルーティ&フレッシュな味わいに魅了される方も多いはず。

そのノルマンディー地方のリンゴ果汁を発酵させ蒸留させたのが「カルヴァドス」です。

原料が100%リンゴワインの場合もありますが、洋ナシワインをブレンドするものもあります。この地域以外で造られる同様の蒸留酒はカルヴァドスを名乗ることはできず、「オー・ド・ヴィー・ド・シードル（シードル・ブランデー）」と呼ばれ、区別されています。

中でも【カルヴァドス・ペイ・ドージュ】【カルヴァドス・ドン・フロンテ】と、この2つの地区名がラベルに書いてあるカルヴァドスはさらに上質なものです。

それぞれの産地で収穫したリンゴや洋ナシであることはもちろん、リンゴと洋ナシの混合率や蒸留方法、熟成年数などが定められており、大量生産はできません。樽熟成により素晴らしい芳香と馥郁（ふくいく）とした味わいに成長する希少価値の高いカルヴァドスになります。

地区名がなく単純に「カルヴァドス」と表記されているものは、ノルマンディー地方全域とその

お隣のブルターニュ地方のいくつかの産地で収穫されたリンゴと洋ナシを使用しています。

これらは最低2年以上の熟成という縛りだけなので、地区名の書いてあるカルヴァドスよりも入手しやすい価格帯になります。

やさしく甘いリンゴの香りと上品でなめらかな味わいは何ともいえない心地良さが楽しめます。

ケーキやデザートを楽しみながら、また一日の終わりに少しのカルヴァドスをゆっくりといただくのは至福のひとときとなるでしょう。紅茶に数滴入れて、大人のアップルティーを楽しむのもお洒落ですね。

雑学

リンゴが丸ごと入ったブランデー。どうやって入れたの？

ボトルの注ぎ口の口径は通常の酒のように狭いのにボトルのふくらんだボディ部分には丸ごと大きなリンゴがそのまま入っている「カルヴァドス」もあります。

これは、リンゴの木に花が咲き、実がなり始めた小さな状態の時にボトルの口から中に入れてしまいます。そしてそのボトルに網をかけて逆さにした状態でリンゴの木と一緒に吊るしておくのです。すると、その小さなリンゴの実は逆さに吊るされたボトルの中ですくすく成長します。

秋頃になってまん丸に成長したリンゴを確認し、リンゴの枝から切り落とし、吊るした紐と網を外すのです。これで、ボトルの中にリンゴが入った状態になります。そこへ、２年以上熟成したカルヴァドスを何回かに分けて注いでゆくのです。

この製法は大変手間のかかる作業ですが、カルヴァドス地区の伝統的な製法です。

同じように洋ナシを丸ごと入れた「ポワールウイリアム」もありますよ！

BRANDY

ブランデーのおいしい楽しみ方発見!

香り高く芳醇な深い味わいを楽しむのがブランデーの特徴ですが、熟成年数の短いものは数千円で購入できるものもあります。そのままストレートで味わうだけでなく、様々な楽しみ方で、味わってみませんか?

果物から造られるブランデーは果物に良く合います。

熟したメロンや桃に浸したり、かけたり、メロンを半分に切って種をとった部分に注ぐなんていう贅沢な楽しみ方もありますね。酸味のある柑橘(かんきつ)系オレンジやグレープフルーツにかけると果物もブランデーもおいしく楽しめますよ!

また、炭酸で割って、オレンジなどの果物を入れたスプリッツァーもおいしいです。ブランデーを炭酸で割るなんて、少し前までは考えられないことでしたが、数年前に歴史あるヘネシー社が60年ぶりに世に出した新作「ヘネシー・ブラック」は現代の飲酒事情に合わせて若者向けにソーダ割りでも楽しめる、これまでにない味わいを造り出しました。

私が個人的によく楽しむのは、ブランデーのミルク割りです。ブランデーの優雅な芳香と深みあるコクが牛乳とぴったり合います。冬はホットミルクに少しのブランデーを入れると、とても心地良く味わえます。

ブランデーは注いだグラスを掌（てのひら）で包み込んで温めるという定番の飲み方がありますが、実は賛否両論です。温めてしまうとブランデーのアルコールが揮発してしまい、香りが損なわれるという意見もあります。

最近では脚のついた小ぶりのグラスで楽しむ方も増えています。これは好みなので、どちらが正解ともいえません。両方飲み比べてみると自分の好きな味わいがわかると思います。

先日、60年熟成の還暦コニャックを飲んだのですが、いくつかのブランデーグラスで飲んでもピンとこず、試しにと日本酒の平盃で飲んだところ、驚くようなまろやかな味わいの広がりを感じたのです！

どのような酒でも酒器は酒の魅力を引き出す大事な役割があると確信しました。

雑学

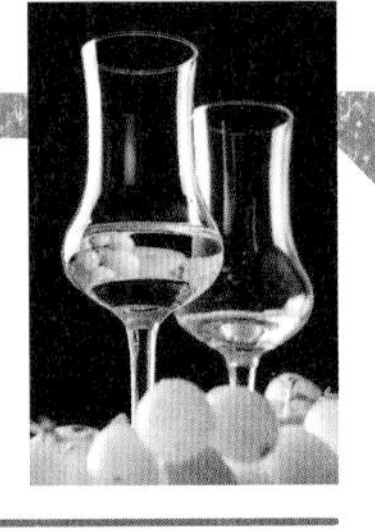

ワインの搾り粕が原料のグラッパ&マール

グラッパとマールもブランデーの仲間です！

「グラッパ」は、イタリア産ブドウのワイン搾り粕から造ったブランデーです。ワインを造った後のブドウの搾り粕を原料にブランデーを造ってしまうのです(日本酒の酒粕から造った粕取り焼酎と同じですね)。

別名「ポーマス・ブランデー」と言い、その代表格がイタリアの「グラッパ」です。ワインが高級品で庶民の飲み物ではなかった時代、イタリアのブドウ栽培農家たちが畑の肥しにしていた搾り粕を使って蒸留酒を造ってみたところ、おいしくてびっくりした！という起源説も残っています。

ワインの価格がピンキリのように、高級ワインから生まれた高級な搾り粕を使ったもの、ブドウ品種別に造ったものなど、様々な商品が市場に出回っています。

「マール」はそのフランスバージョンです。フランスではそのワイン産地ならではのマールが存在します。シャンパンのマールもあります。ブランデー同様に食後にゆっくりと楽しむ酒の一つです。

SPIRITS

第8章 スピリッツ

「スピリッツ」。精神や魂を意味する酒！
原材料を発酵した液体を蒸留した酒の総称が
【蒸留酒＝スピリッツ】です。
スピリッツの語源はラテン語の「アクアヴィータ（生命の水）」
ですが、これは肉体に精神を吹き込んだ飲み物、
命を助けた飲み物という位置づけにあるからです。
アルコール度数が高い酒のカテゴリーとして
「ハードリカー」とも言われます。
広義ではウイスキーやブランデー、焼酎も
蒸留酒に含まれますが、それらを除く
ウオッカ、ジン、ラム、テキーラが「世界四大スピリッツ」です。
そのほか、南米やアジアにも様々な原料のスピリッツが
存在しています。

世界のスピリッツ

	名称	生産国	原料
世界四大スピリッツ	**ウオッカ**	ロシア、ポーランド他	穀物類
	ジン	オランダ、イギリス、 ドイツ他	穀物類
	ラム	カリブ海諸国他	サトウキビ
	テキーラ	メキシコ	リュウゼツラン
アクアビット		北欧諸国	ジャガイモ
コルン		ドイツ	穀物
シュナップス		ドイツ	穀物、 ジャガイモ
アラック		中近東、東南アジア	ヤシの実、糖蜜、 コメ他
ピンガ、 カシャーサ		ブラジル	糖蜜
ピスコ		ペルー	ブドウ

SPIRITS

冷地で誕生した穀物の蒸留酒［ウオッカ］

ウオッカは、大麦、小麦、ライ麦、ジャガイモ、トウモロコシ、テンサイなどの穀物を原料に発酵させ、蒸留後に濾過(ろか)をして無味無臭・無色透明のクリアな味わいに仕上げたシンプルな酒です。

ロシアが主要生産国のイメージが強いかと思いますが、ポーランドをはじめとし、ウクライナ、エストニア、スウェーデン、ノルウェー、スロヴァキアのほか、フランス、カナダ、アメリカ、そして日本など、実に多くの国で造られています。

その理由の一つは、冒頭で挙げたように原料に汎用性があることです。各地の様々な穀物が原料になり得るため、世界中で造ることができるのです。

ウオッカの起源は謎に包まれたままですが、11世紀頃には東欧で誕生していたようです。発祥地とされるロシアとポーランドでは起源論争が起こっているほど。両者ともに「自分たちこそがこの銘酒を生み出した」と譲りません（笑）。

ウオッカは、そもそも酒としてではなく、修道士が「霊薬（れいやく）」として薬や消毒剤として製造していたのが始まりでした。現在でも万能薬としてこの高アルコール薬は飲むだけでなく、湿布や衛生用品、洗浄液としても重宝されています。

実際、ウオッカで身体を清めていたおかげで欧州を襲ったペストの流行時で、ポーランドは感染者が少なかったという説も残されているほどです。ポーランドでのウオッカは消毒としての存在価値が高かったことを証明しています。

ウオッカ最大のポイントは「濾過によってクリアな味わいにする」こと。

修道士が造っていた初期のウオッカは蒸留後に不純物が多く残り、クリアな味わいとは程遠かったため、製造者たちは飲みやすくクリアな味わいを求めて濾過の方法を模索していました。そして18世紀末には白樺の木炭を使用して濾過する手法が見出されます。現在は、濾過フィルターに砂、溶岩、石英、水晶など、様々な物質が使われています。

雑学

世界最強の酒は
アルコール度数96度！

世界で最もアルコール度数が高い酒、それがポーランドウオッカの【スピリタス】です。

何とアルコール度数96度！　100％に限りなく近い高濃度の純粋なアルコールなのです！

ラベルには精製アルコールを意味するポーランド語で「SPIRYTUS REKTYFIKOWANY（スピリトゥス・レクティフィコヴァニ）」と記されています。

通常のウオッカのアルコール度数は40～50度ですが、蒸留を70回以上も繰り返すことで、96度まで上げてゆきます。スピリタスをストレートで飲むことは身体に刺激が強すぎますのでやめてください。

ポーランドでは果実などに漬け込んで自家製フルーツリキュールを造ることが多いようです。アルコール度数が高いため、漬け込む時間も短くなります。

しません。

熟成という概念がないウオッカ

基本的にウオッカの製造プロセスにおいて蒸留後に何年以上熟成しなければならない、という概念がないため、何年もの、ヴィンテージものという商品はほとんど存在しません。

ウイスキーなどは樽熟成によって風味を増し、豊かな味わいを造り出しますが、クリアな風味を生かすウオッカにはその必要もないのです。ゆえに味わいが変化しない、常にシンプルな蒸留酒なのです。

ウオッカはこうしたクリアな味わいを生かして、カクテルのベース酒に使用されることが多いのも特徴です。

オレンジジュースで割った「スクリュードライバー」、ジンジャーエールで割った「モスコミュール」、グレープフルーツで割り、グラスの縁に塩をつけて飲む「ソルティドッグ」など、合わせる副材料を引き立たせてくれるのです。

プレミアムウオッカとフレーバードウオッカ

ウオッカは比較的お手頃なものが多いと思いますが、ウオッカファンを魅了しているのが、高品質であることを主張した【プレミアムウオッカ】です。

原料の質や加水する水にこだわり、無臭のなかにも何ともいえない穏やかな香りを有し、なめらかな味わいに仕上げた最上級品は「ラグジュアリーウオッカ」とも称されています。

フランス産グレイグースやポーランド産ベルヴェデールはバニラや優雅な花のようなエレガントな芳香があり、ベルベットのようななめらかさのある飲み心地！　トニックやジュースなどで割るのがもったいないほどで、ストレートやロックでも楽しむことができます。

また、無味無臭無色透明だからこそ自由自在。オレンジやレモン、マンゴーなどのフルーツや唐辛子などのスパイス、ハーブなど、あえて風味をつけたウオッカも実にたくさん存在します。

このようなウオッカを【フレーバードウオッカ】といい、風味が楽しめるウオッカも数多くあります。また、熟成の概念がないからこそ、ブランデーなどで風味をつけ、ワイン樽で熟成させたロシアのオールド・ウオッカ「スタルカ」や、ベルギーではあえて熟成させたヴィンテージウオッカも存在します。

20種のハーブを使用した養命酒のようなポーランドウオッカ

雑学

「ズブロッカ」は日本の春の味？

ウオッカのボトルの中に１本の草がそのまま入っているポーランド生まれの【ズブロッカ】。フレーバーウオッカの一つで、中に入っている草はバイソングラス。長寿動物のバイソンが食している草に長寿の秘訣があると考えた現地の人がウオッカの中に入れたことから始まったようです。ズブロッカをグラスに注ぐと、日本の桜餅のような香りがし、ポーランドの酒なのに和を感じます。トニックウォーターやオレンジジュース、リンゴジュースなどで割ると春風が駆け抜けるようなやさしい味わいのカクテルになります。

このバイソングラスは現在でも一本一本手作業でボトルの中に入れているとのこと！長寿を願って手造りしているズブロッカは世界で楽しまれています。

どんなウオッカを選ぶ？

ウオッカこそ、自由自在に楽しめる酒です。
家でジュースや炭酸飲料を入れてオリジナルカクテルを
作ってみては?! 果実酒を造ったり、フレーバードウオッカを
アレンジしても楽しい!

スタンダードウオッカ
無味無臭のクリアな
ピュアウオッカ。
冷やしたり凍らせて
ストレートで飲んだり
カクテルベースにも!

スミノフ、
アブソルート、
フィンランデア
etc.

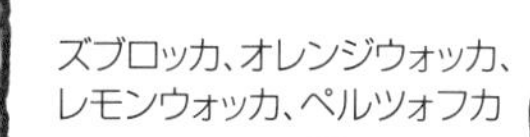

ズブロッカ、オレンジウォッカ、
レモンウォッカ、ペルツォフカ

フレーバード
ウオッカ
ピュアなウオッカに
ハーブやフルーツ、
スパイスなどを漬け込み、
その味わいを楽しむ。
ロックやソーダ割りで!

レモン、オレンジ、マンゴー、
ライム、カシス、バニラ
ペッパー、唐辛子 etc.

プレミアムウオッカ
各ブランドは最高品質を
追求し、原料や蒸留方法に
こだわる。
華やかな香りとなめらかな
口当たり。

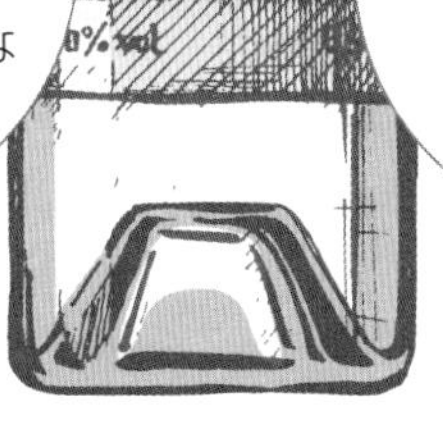

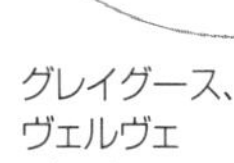

グレイグース、
ヴェルヴェ
デール etc.

スタルカ
リンゴやブランデー
などを加えた
琥珀色のウオッカ。

スタルカ、
オールドウォッカ

100年以上前の旧蒸留所をリノベーションしたワルシャワのウオッカ博物館

SPIRITS

優雅な香りを楽しめる蒸留酒［ジン］

ジンといえばイギリスを思い浮かべる方が多いかもしれませんが、実は、ジンの生まれ故郷はオランダです。

ジンの原料はウオッカと同じ穀物類ですが、無味無臭のウオッカとの大きな違いは、香りを特徴としたスピリッツということです。その香りは「ボタニカル（香草や薬草）」を数十種使用することで生まれます。

なかでも必ず使用するのは「ジュニパーベリー（西洋杜松（ねず）の実）」と呼ばれる針葉樹から採れる実です。ジンの香りはまさにジュニパーベリーの香りをメインに、他のボタニカルと調和させることで、独特な香りが生み出されます。

古くからオランダ、ドイツ、イギリスで素晴らしいジンが伝統的に造られていますが、近年は小規模蒸留所で少量生産されるこだわりのジンも登場し、ジンの持つポテンシャルの高さに魅了される方も増えてきました。

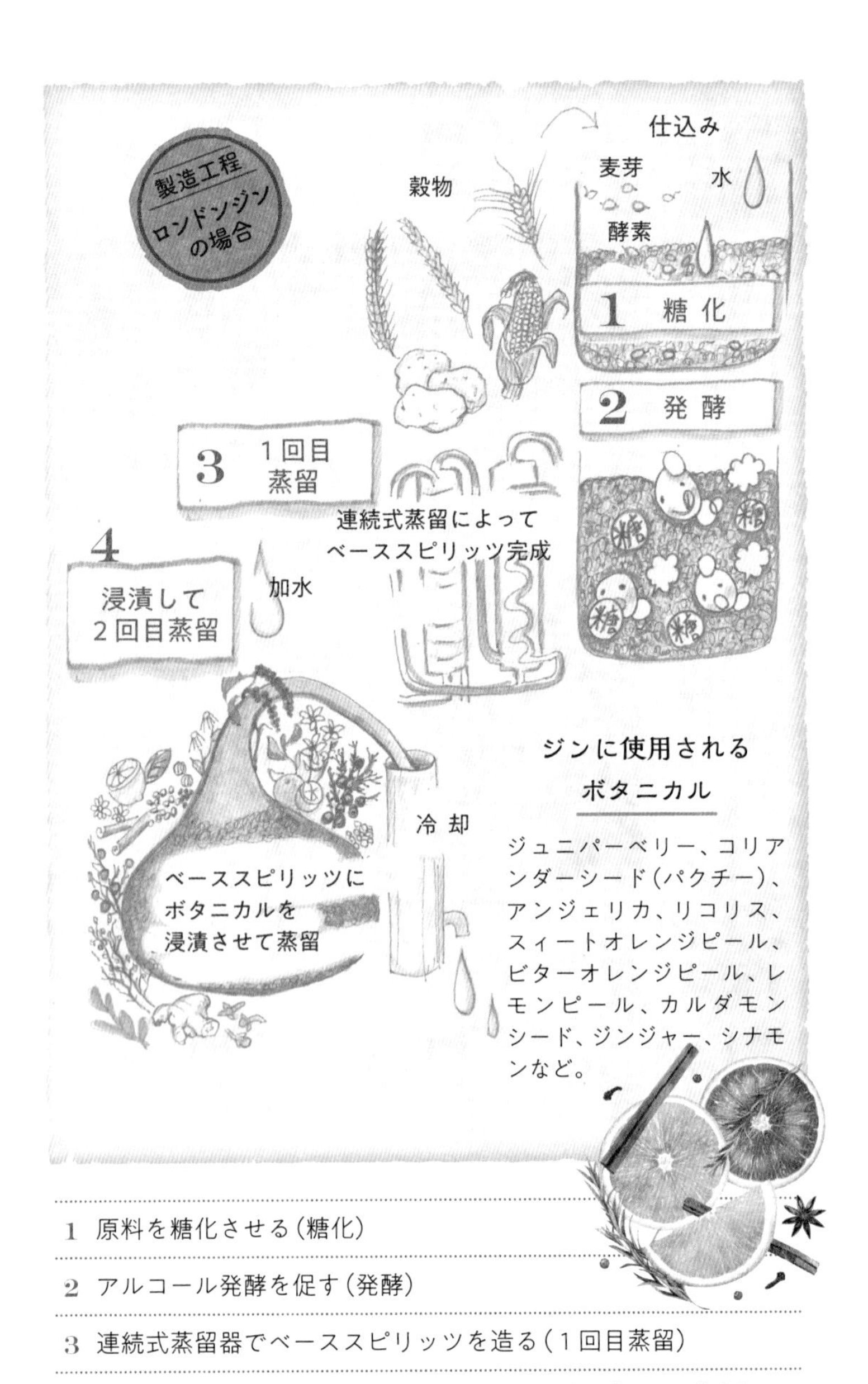

1 原料を糖化させる（糖化）

2 アルコール発酵を促す（発酵）

3 連続式蒸留器でベーススピリッツを造る（1回目蒸留）

4 3にボタニカルを浸漬させて単式蒸留器で蒸留（2回目蒸留）

雑学

ジンはペストの特効薬だった

ジンの主なボタニカルである薬草のジュニパー(西洋ネズ)は古代から薬効があるとされ、さまざまな治療に用いられて以来、何世紀にも渡って万能薬として用いられていました。

さらに中世においてペストの流行や植民地での熱病などの伝染病が猛威を振るうなか、利尿効果、解熱効果健胃効果があるジュニパーを燃やした煙と香りで空気感染を防いだり、蒸留酒に漬け込んだ特効薬としてその威力を発揮します。

現代に至るまでのジンの進化は、特効薬としての始まりでもありました。

また、ジン・トニックはご家庭でも簡単に作れるカクテルですが、トニックウォーターに使用されている香草のメインが「キニーネ」というキナの木の樹脂です。この樹脂はマラリアの特効薬として使用されていました。当時欧州に猛威をふるった熱病マラリアはインドを植民地化していたイギリス軍にとっても脅威的なものでした。そこで、解熱効果があるとされたジンにこのキニーネを入れ、炭酸で割り、苦味を消すために砂糖を入れるという飲用方法を生み出したのです。これがジン&トニック誕生のきっかけといわれています。

新時代の「クラフトジン」

近年「クラフトジン」という言葉をよく耳にするようになりました。

クラフト・ビール同様に明確な定義こそありませんが、あえていうなら〝小規模な蒸留所で伝統的かつ革新的な製法で、ボタニカルにこだわり、職人技により少量生産またはハンドメイドで造られたジン〟ということでしょう。

クラフトジンの先駆者と呼ばれているのが、スコットランド産「ヘンドリックス・ジン」です。独自の蒸留方法に加え、ボタニカルにバラやエルダーフラワー、カモミールなど花の香りエキスも加え、まるで香水のような華やかな風味のジンを世に送り出しました。生産本数もごくわずかですが、ロンドン・ドライジンとはまったく違う個性あるジンとして脚光を浴びることになります。フランス産「ル・ジン」はフランスのカルヴァドスブランデーの蒸留所が造ったもの、「モンキー47」は47種類ものボタニカルを調合したドイツ産のドライジン。その他、アメリカやカナダなど世界中でその土地のボタニカルを生かした手造りジンは話題を呼んでいます。

世界が注目する「ジャパニーズ・クラフトジン」

2016年、京都蒸留所の日本初のドライジンを発売したのを皮切りに、今、日本でもクラフトジンが大人気です。京都蒸留所の「季の美」は、ジュニパーベリーはもちろん、京都産の高品質にこだわった生姜(しょうが)や柚子(ゆず)、玉露(ぎょくろ)など、日本独自の和のボタニカルを使用した純日本製ジンです。なんと、伏見の酒蔵の仕込み水をブレンドして仕上げるとのこと。この蒸留所の前に立つだけでレモンやハーブの心地良い香りが漂ってきました。

広島のサクラオブルワリーアンドディスティラリーでは、広島発クラフト蒸留所「SAKURAO DISTILLERY」を設立。戸河内ウイスキーに始まり、ジンでは世界的スピリッツコンクールでも入賞するほど優秀な「桜尾」を誕生させています。

実際に見て驚いたのが世界中の蒸留器を見て回って独自に開発したというオリジナ

SAKURAO DISTILLERYの
オリジナル蒸留器

ハマゴウの花

「桜尾」の限定品HAMAGOU

ル蒸留器です。広島ならではの牡蠣(かき)やレモンをボタニカルとしたジンや、宮島に生育する海浜植物のハマゴウを使用した華やかな芳香あるジンなど、多くのこだわりを持っています。

そのほか、鹿児島の本格焼酎を醸す小正(こまさ)醸造では桜島小みかんを、沖縄の泡盛メーカーまさひろ酒造では特産のシークワーサーと、メインとなるボタニカルも地のものにこだわります。

また、鹿児島の芋焼酎をベースにしたジンなど、今、国内では、地域の原料やボタニカルにこだわった、個性あるジンが次々に誕生しています。

どんなジンを選ぶ？

生産国や製造方法の違いで味わいは様々です。
蒸留方法や、ジュニパーベリーの使い方一つにしても
各地の伝統的な製造方法によって変わります。
カクテルベースにする時も、どんなジンを使うかによって
味わいもまったく変わってきます。

イギリス

ロンドン・ドライジン
スッキリとした辛口タイプが多く、ドライなカクテルのベースに多く使われる。

ボンベイサファイア、タンカレー、ゴードン etc.

ドイツ

シュタインヘイガー
発祥地シュタインハーゲン村でしか造れない。ジュニパーベリーの香りと穏やかな飲み心地が楽しめるジン。

オランダ

ジュネヴァ・ジン
ジンの原型。
オランダ、ベルギー、フランス、ドイツの一部でしか造れない。
芳醇な香りとジンの深みを楽しめる。

イギリス

プリマス・ジン
英国海軍兵のためにプリマス港付近で造っていた由来がある。
しっかりとした味わいのある辛口。

イギリス

オールド・トムジン
砂糖などを加えたまろやかでほんのり甘いジン。

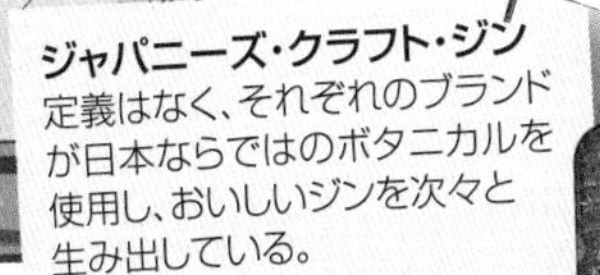

ジャパニーズ・クラフト・ジン
定義はなく、それぞれのブランドが日本ならではのボタニカルを使用し、おいしいジンを次々と生み出している。

SPIRITS

砂糖の国カリブ海諸国が生んだ蒸留酒「ラム」

映画『パイレーツ・オブ・カリビアン』で海賊たちが楽しんでいた酒がまさしくラムです。ラムはカリブ海で生まれたサトウキビを原料に造られる蒸留酒で、甘い香りと深い味わいが最大の特徴です。またお菓子作りなどにもよく使われています。

まず、ラムは砂糖の歴史が関係しています。8世紀頃エジプトでサトウキビの栽培が始まり、地中海沿岸諸国に伝搬された砂糖プランテーションは、1492年コロンブスの西インド諸島発見後、カリブ海諸島に持ち込まれます。サトウキビはこの地の気候と適合し、欧州の植民地政策も深く関わり、カリブ海諸島は急速に世界一のサトウキビ生産国になりました。

サトウキビから砂糖を作る生産過程で取り除かれる「モラセス（糖蜜）」は栄養価が高く、ハチミツの代用品でもありましたが、砂糖の生産量の増加とともに糖蜜の量も増加。大量にできた糖蜜の有効活用として、16世紀頃、糖蜜を発酵させ、蒸留することでラムという酒が誕生したのです。

その後、17世紀初頭には蒸留技術を持つイギリス、フランスから人々が移住したことにより、カリブ海諸国の島々でもラムの生産が始まることになるのです。

ただ、当時は植民地支配の奴隷制があった時代。三角貿易による資金源にしたり、糖蜜が課税化されるなど、複雑で悲しい歴史を辿る（たど）ることになりますが、20世紀に入ってからは宗主国からの独立などがあり、酒としての「ラム」は大きく変貌を遂げます。

現在では原料のサトウキビや蒸留方法、熟成方法にこだわった素晴らしい品質のラムが誕生しています。

全体の1割しかない「アグリコールラム」とは

多くのラムはモラセス（糖蜜）を原料として発酵、蒸留します。

糖蜜にはまだ糖分が十分に残っています。ということは、アルコール発酵に必要な糖を含んでいるため、原料を糖化させる必要がなく、糖蜜のまま原料として使用できるのです。このモラセスを原料に造ったラムが【インダストリアルラム】または【トラディショナルラム】です。文字通り工業生産品です。

工業用と聞くとあまりいいイメージがないかもしれませんが、世界のラムの90％はこの製法で、原料に糖蜜を使用しています。大量生産も可能なので安価なラムから熟成によるコクのあるラムまで、幅広くあります。

一方、農業生産品として【アグリコールラム】と呼ばれるラムは、収穫したばかりの新鮮なサトウキビジュース１００％が原料になります。フランス系ラムはほとんどがこの手法になります。

サトウキビは収穫直後から加水分解とバクテリア発酵が始まってしまうため、すぐに原料処理しなければなりません。このため、アグリコールラムの製造者はサトウキビ畑のすぐ近くに蒸留所を持ちます。19世紀にフランス領のマルティニーク島で造られたのが始まりですが、生産量はラム全体のわずか1割ほどしかなく、高品質なものばかりです。

近年になり【ハイテストモラセスラム】というものも生み出されました。サトウキ

ラム酒　原料処理で変わる３つの違い

■トラディショナルラム・インダストリアルラム

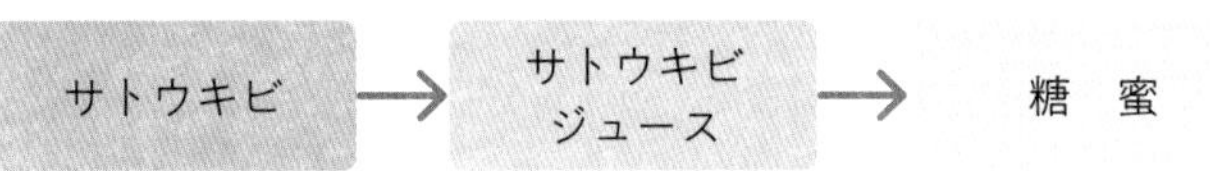

■アグリコールラム

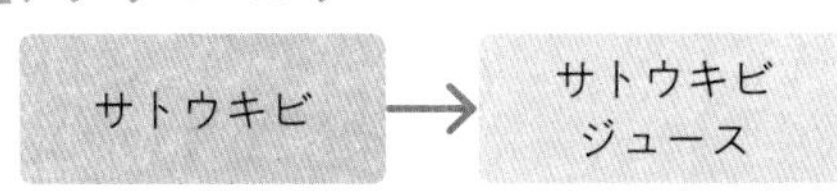

■ハイテストモラセスラム

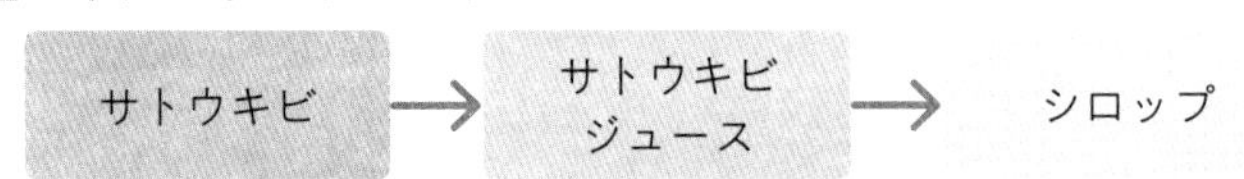

［共通］**発酵　→　蒸留　→　熟成（無熟成もあり）　→　瓶詰め**

ビジュースを加熱し、シロップ状態になったものを１００％使用して造られます。糖蜜よりも糖度が高く、冷蔵管理が可能なため、サトウキビ収穫の時期に限らず年間の生産が可能になりました。加熱したシロップを固めた黒糖を原料とすることもあります。日本の黒糖焼酎はこの黒糖の状態から造られます。

世界には３００種を超えるサトウキビの種類がありますが、フランス産ラムにはワイン同様にA.O.C.（原産地呼称）で定められた品種は12種しかありません（２０２１年9月現在）。

雑学

151ラムって何？

ラムのアルコール度数は40〜50度のものがほとんどですが、ラベルに151と記載されていたらそのラムはアルコール度数が75.5度あることを示しています。

これはPROOF（プルーフ）表示といい、古くからイギリスやアメリカで使用されていたアルコール度数を測定していた数値です。ブリティッシュプルーフに0.571倍、アメリカンプルーフに0.5倍を掛けると現代のアルコール度数になります。現在ではプルーフ表記は少なくなりましたが、151ラムはアルコール度数75度以上ありますので、飲む時は十分に注意をしてください！

色と味わいで選ぶ ラムの楽しみ方

ラム選びの楽しさは味わいや色でも好みのものが見つかることです。先の原料の使い方にはじまり、熟成方法、産地など実に様々で、いくつかのタイプに分かれています。

特にどのような味わいに仕上げるかは、熟成樽の種類、熟成年数、樽と樽のブレンドが重要な要素になります。

どんなラムを選ぶ?

ラム選びの楽しさは味わいや色合いで好みが見つかりやすいこと! 味わいは、熟成年数の違う樽と樽のブレンドが重要な要素になります。ラム独特の甘い香りをお楽しみください。

「15年」「20年」等とラベルに年数表示がされていたらその熟成年数は平均値となる。

熟成年数		特徴
樽熟成しない	ホワイトラム(ライトラム)	クセがなく さっぱりとした味わい。冷やして楽しむことが多い。
2カ月〜3年樽熟成	ゴールドラム(ミディアムラム)	ライトよりも強くやさしく甘い香り。常温でほどよいコクを楽しめる。お菓子作りにも人気。
	スパイスドラム	バニラやスパイス、フルーツの香りが特徴のラム。常温やロックでも楽しめる。
3年以上樽熟成	ダークラム(ヘビーラム)	濃厚な甘い香りと深みのあるコクが楽しめるラム。常温がお勧め。
最低4年、最高8〜10年以上	レゼルヴスペシャル(ダークラムの熟成ラム)	熟成による優雅な甘い香りが広がり、常温ではなめらかで深みある味わいがゆっくり楽しめる。

RUM・RHUM・RON ラムの表記で正しいものは？

実はどれもすべて正しい表記です。このようにラベルに書かれている「ラム」の表記が生産地によって異なるのもラムの特徴です。

英語RUM、スペイン語RON、フランス語RHUMと様々ある理由は、西インド諸島が欧州諸国の植民地であった歴史が関わります。

植民地支配した島の宗主国はそれぞれ独自の蒸留技術を持っていました。

表記	RUM(ラム)	RHUM(ロム)	RON(ロン)
宗主国	イギリス系	フランス系	スペイン系
熟成方法と特徴	スコッチウイスキーの技術を踏襲。骨太の濃厚なものから軽快なタイプまであり、ウイスキー好きに好まれることが多い。	コニャックの技術を踏襲し、サトウキビからブランデーを造る意識が高く、コニャック同様の熟成方法。重厚な味わいが多い。	シェリー独特のソレラシステム樽熟成の技術を踏襲。ライトな味わいから深みのある味わいまで幅広い。
島名	ジャマイカ、ガイアナ、トリニダード・トバゴ、セントルシア など	マルティニーク、ハイチ、モーリシャス など	キューバ、ドミニカ共和国、ベネズエラ、プエルトリコ など

右図のように、イギリスはウイスキー、フランスはブランデー、スペインはシェリー独特のソレラシステムでの熟成方法など、すでに本国での醸造・蒸留・熟成技術を用い、植民地化にした土地でそれぞれのラム製造を行っていたのです。

雑学

ラムは南極以外すべての大陸で造られている

主な生産地の西インド諸島の他にもスペイン、インド、パラグアイ、フィリピンの他、日本も含め世界中でラムが造られています。

日本ラム協会によると「南極を除くすべての大陸で造られており、4万種類の銘柄がある」とのこと！

ラムは原料のサトウキビが収穫できない地でも原酒を輸入するなどして製造できるのが利点ですが、やはりその土地で生まれた原料から造る酒には愛着もわきますね。

日本ではサトウキビの生産地でもある奄美大島や沖縄はもちろん、小笠原諸島の母島でもジャパニーズラムが造られています。

SPIRITS

世界文化遺産の地で生まれる蒸留酒［テキーラ］

テキーラは、メキシコ原産の「リュウゼツラン（竜舌蘭）」に属するブルーアガベ（アガベアスールテキラーナ種）を原料とする蒸留酒です。

よくテキーラの原料はサボテンと間違われることがありますが、どちらかというとアロエを巨大にしたような多肉植物です。アガベシロップは有名ですね。

ブルーアガベは生育するにつれ茎の根本が丸く大きくなり、通常で30キロ、大きいものになると100キロにもなります。この球茎の部分を切り出して発酵に適した糖質に転換するため蒸気釜で加熱し、甘い汁液を取り出します。この汁液を発酵させ、蒸留したものがテキーラです。

2006年、メキシコ・ハリスコ州テキーラ市とその周辺のテキーラ用のリュウゼツランが栽培されている地域と古いテキーラの工場、その周りにある遺跡をすべて含めて、ユネスコにより世界文化遺産に登録されました。

近年は特に小さな蒸留所の質の高いテキーラが大人気で、日本にも様々な上質なテキーラが輸入され、世界中でテキーラに魅了されるファンが増えています。

アガベは捨てるところがない神様からの贈り物の植物、奇跡の植物であると称したのは16世紀に新大陸を広く旅した宣教師たちでした。実際、シロップや油など、様々なものに使われています。また、アガベは100年に一度だけ花を咲かせる「奇跡の植物」とも言われています。

日本語	竜舌蘭 (リュウゼツラン)
英語	Blue Agave (ブルーアガベ)
メキシコ	Maguey (マゲイ)
正式名称	Agave Azul Tequilana Weber (アガベ アスール テキラーナ ウェーバー)

砕いた葉からは記録を残すための紙が作られた。干した葉は屋根を葺くのに使われた。葉の繊維からは衣服を作る糸ができた。トゲはピンや針になり、白い根は食料になった。
―『テキーラの歴史』イアン・ウイリアムズ(原書房)"

アガベはまさに神様からのギフトですね。

テキーラはメキシコ以外の国では造れない

酒類の主原料はすべて農作物です。その土地の気候風土で育まれた農作物で造るのが世界の酒です。

本書でもこれまで紹介した酒類の原料である農作物は、半年から1年もあれば生育し、食することもできます。テキーラが他の酒類と違うのは、原料としてのブルーアガベが育つまでにはなんと5年から10年もかかるということ！

また、蒸留してから熟成を行う場合、さらに数カ月から数年を要します。酒として誕生するまでに何と時間のかかることでしょう！

また、1本のテキーラを造るのに約7キロのアガベが必要になります。何より生育に年月を要するアガベ。灼熱（しゃくねつ）の地だからこそ誕生したメキシコ産のアガベ。そして厳しい定義によって品質が保証されており、メキシコ以外の国では造ることができません。原産地呼称が明確なテキーラ市場は、今後ますます白熱、注目されることでしょう。

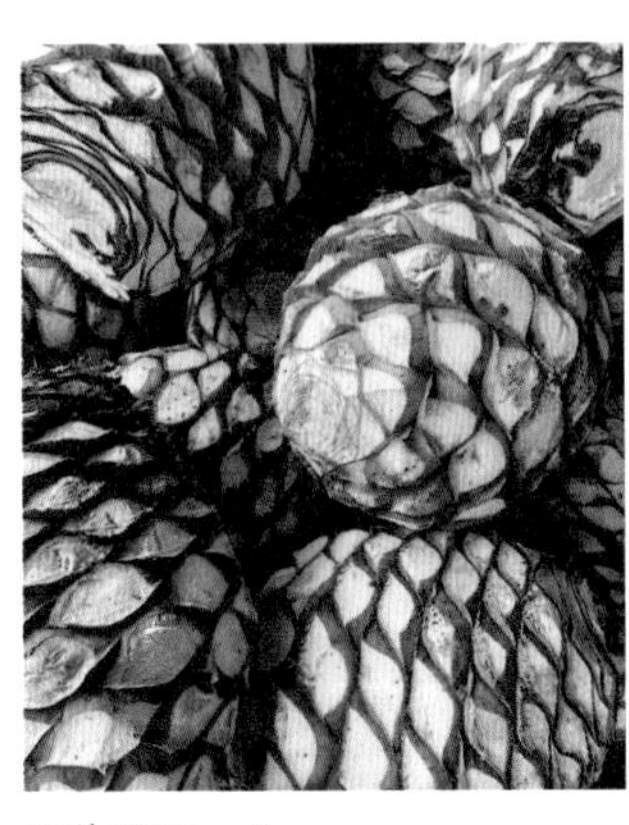

アガベアスール
テキラーナ　ウェーバー

テキーラの定義

- テキーラはメキシコの５つの州の指定地域でCRT（テキーラ規制委員会）の管理のもとで原材料の生産から蒸留まで行わなければならない。
- テキーラの生産はCRTに認定された蒸留所で行わなければならず、認定蒸留所には固有の４桁の番号が与えられている。
- 原料は250種類以上あるアガベの中で「アガベ・アスール(ブルーアガベ)」のみ使用可能。
- ブルーアガベは51%以上使用しなければならない（それ以外はアガベ以外の植物由来の糖分を使用しなければならない）。
- ブルーアガベを100%使用したものを特に「100%アガベテキーラ」と呼ぶ。
- アルコール度数が35～55%の間であること。
- 添加物は指定された天然由来のものに限り１%まで許可されている。

上記の他、様々な規約があります。

どんなテキーラを選ぶ？

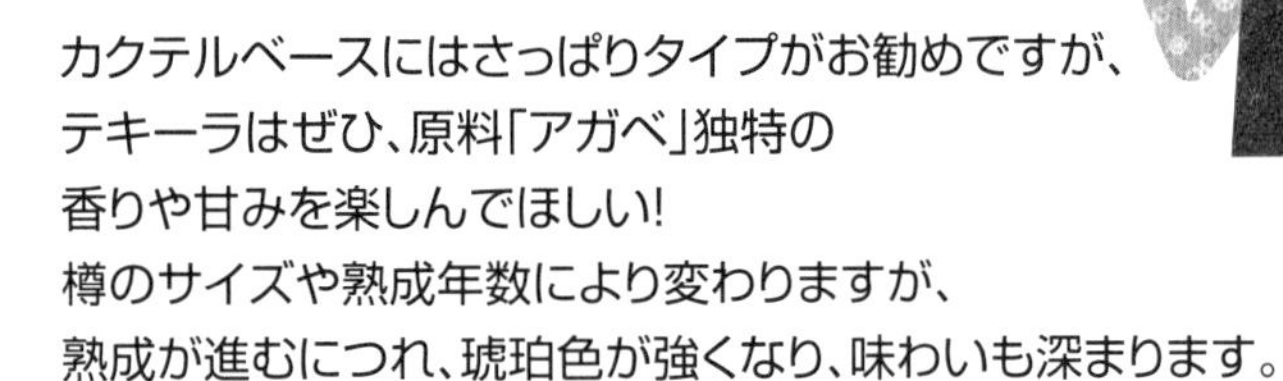

カクテルベースにはさっぱりタイプがお勧めですが、
テキーラはぜひ、原料「アガベ」独特の
香りや甘みを楽しんでほしい！
樽のサイズや熟成年数により変わりますが、
熟成が進むにつれ、琥珀色が強くなり、味わいも深まります。

熟成年数		特徴
無熟成または 60日未満の熟成	ブランコ／ シルバー	さっぱりとした味わい。 カクテルベースにも
明確な定義はなく、 ブランコと樽熟成の ブレンドや着色可	ゴールド	シルバーよりも 香りと甘さを持つ
オーク樽で 2カ月以上熟成	レポサド	短期間熟成による ほのかな甘みと 味わいがある
600ℓ以下の オーク樽で 1年以上熟成	アネホ	しっかりとした熟成による 華やかな香りと芳醇な コクが楽しめる
600ℓ以下の オーク樽で 3年以上熟成	エクストラ・アネホ	長期熟成による 円熟した甘い香りと 奥深い甘さと旨みが 楽しめる

最初に選ぶべきテキーラは？

酒屋さんのテキーラの棚を見ると価格がピンからキリまであるはずです。右ページの熟成の違いに加えて原料の使用率でラベルに書かれている表記が異なります。

テキーラ／ミクスト

法令で指定された5つの産地で収穫したアガベアスールテキラーナ種を51％使用

100％アガベ

法令で指定された5つの産地で収穫したアガベアスールテキラーナ種を100％使用

テキーラミクストはカクテルベースや、レモンやライムなどをかじって塩をなめてキュッとひと口で

ビール
ワイン
スパークリングワイン
日本酒
焼酎
ウイスキー
ブランデー
スピリッツ
リキュール
フォーティファイドワイン

あおるテキーラ独特の飲み方や、カクテルベースで楽しまれることが多いと思います。一方の100％アガベと記載してあるものは、じっくりとその芳醇な味わいを楽しむテキーラです。しかも、原材料の生産から蒸留、ボトリング（瓶詰め）まで認定蒸留所で行う必要があるという、厳しい規定もあります。

これからテキーラに挑戦してみたい！　という方にお勧めしたいのは【100％Agave】【Añejo】とラベルに書かれているものです。テキーラ／ミクストなら半額くらいの価格で購入できますが、最初はまず「本物」から飲んでください。

そんなにこだわらずに飲むから安いものでいい、と最初から安価なものを選ぶと本物の味とは程遠くなるので真の感動を覚えません。

他の酒もそうですが、まず本物を知ることがおいしい酒と出合う秘訣です。

本物のテキーラに出会える
テキーラ道場

LIQUEUR

第9章
リキュール＆カクテル

リキュールとは、アルコール度数の高い蒸留酒に
果物や薬草などを漬け込んだ酒の総称です。
フルーツや花、薬草香草類のハーブ、コーヒーや紅茶など、
あらゆる材料を漬け込んで作ることができます。
それぞれの素材から抽出した赤青黄紫と
色とりどりに輝くリキュールは、
酒の宝石ともいわれています。
リキュール全盛期のフランスでは、
貴婦人たちが集う華やかなパーティで、
その日のドレスの色や身に着けた宝石の色に合わせた
カクテルを楽しんでいたようです。
日本を代表するリキュールといえば梅酒ですね。
最近では柚子、みかん、抹茶など、
地域の特産果実を使用した和製リキュールが
注目されています。

LIQUEUR

リキュール誕生はワインに薬草を漬け込んだことにヒントがあった

　すでにワインが造られていた古代ギリシャ時代、ワインに薬草を溶かして薬として作ってました。その後に登場したアルコール度数の高い蒸留酒が後にリキュールを生み出すことになります。"ワインを蒸留して濃縮した"ものにさらに薬草を漬け込むことで、保存性が高くなるだけでなく、薬草の抽出力も強くなり、治療効果が高まる、と考えられたのです。これらを造っていたのは、やはり修道士でした。これが11世紀から13世紀のこと。そしてハチミツを入れることで飲みやすくしたり、大航海時代にスパイスやフルーツが行き交うようになると、様々なものを漬け込む技術が発展してゆきます。リキュールはその種類によって、そのままの味わいを楽しむこともありますが、多くはカクテルに使われています。リキュールの誕生によってカクテルの世界が大きく広がりました。

　最近では200mℓくらいのミニボトルもあります。開栓してもすぐに劣化することはないので、いろいろ試してみてはいかがでしょうか。

リキュールの種類

	原　料	味わい・楽しみ方	代表的なリキュール
果実系	●カシス ●ピーチ ●オレンジ ●レモン ●メロン ●イチゴ ●ココナッツ など	果汁や果肉をたっぷりと使用した色とりどりのフルーツリキュールは、ジュースで割ったりお家で簡単にできるカクテルが多いので人気がある	コアントロー (フランス・オレンジ果皮) クレームド・カシス(カシス) ピーチツリー(モモ) レモンチェッロ (イタリア・レモン) マリブ(ココナッツ)
香草・薬草系	●ハーブ ●ミント ●スミレ ●エディブル フラワー など	現在でも修道院で作られている薬草香草リキュールは苦みが特徴のもの、花の色を抽出したバイオレットリキュールなどがある	シャルトリューズ (フランス・薬草、花) ベネディクティンDOM (フランス・薬草) ドランブィ (スコットランド・香草薬草、ハーブ) カンパリ (イタリア・香草薬草系) イエガーマイスター (ドイツ・香草薬草系) アイリッシュミスト (アイルランド・香草薬草系) パルフェタムール (スミレの花)
ナッツ種子系	●ヘーゼルナッツ ●クルミ ●コーヒー豆 ●カカオ ●アンズの種子 など	甘く香ばしい香りのナッツ系や、人気のコーヒーリキュールなど、牛乳とよく合うものが多い。お菓子作りにもアクセントになる	アマレット・ディ・サローノ (イタリア・アンズの核) カルーア(メキシコ・種子系) フランジェリコ (ヘーゼルナッツ) ノチェロ(クルミ) ゴディバ(チョコレート)
その他	●紅茶 ●ハチミツ ●クリーム ●ヨーグルト ●卵　など	近年は技術の進歩で様々な原料から造られるリキュールが誕生している。	ティフィンティー (ドイツ・紅茶) ベイリーズアイリッシュ (アイルランド・クリーム) ヨーギ(ドイツ・ヨーグルト)

LIQUEUR

味醂は米のリキュール

あなたは味醂を飲んだことがありますか？　え？　味醂!?　調味料でしょ、飲んだことなんてないよという方が多いかもしれません。

しかし、本来の味醂は戦国時代には誕生していたとされる「甘い酒」。本来は飲めるべきものでないとおかしいのです。しかし、現代では飲むのは遠慮したいようなものが多く販売されています。

本来のみりんは「伝統的製法」で「もち米」を原料に本格焼酎の米焼酎を使い、手間暇かけて造られますので、添加物のない自然の甘みと旨みを持ちます。

しかし、戦後の米不足をきっかけに「工業的製法」で造られるようになりました。これらは糖類を原料に様々な処理をして短期間で造ります。

さらには低価格重視の調味料みりんや、みりん風調味料まで登場することになります。もちろん本物との味わいは雲泥の差です。愛する家族のために作る料理にぜひ本

白扇酒造福来純
純米みりん

物を選んでほしいと切に願います。

味醂の楽しみ方はお料理だけではありません。味醂とミントを合わせたカクテルやアイスクリームにかけたり、砂糖の代わりにしたり、楽しみ方はいろいろ！　米のリキュールとして甘くやさしい味わいを楽しんでください。

三州
三河みりん

一升の味醂を造るのに必要なのは一升のもち米です。

もち米のおいしさを、醸造という日本の伝統的な技のみで引き出した本格みりん。

飲めるほどにおいしく、上品でキレのいい甘さと、照り・ツヤの良さが特長です。素材の持ち味を引き立てるお米の旨み・コクがたっぷりです。

株式会社角谷文治郎商店
愛知県碧南市西浜町6-3

三河みりん
で作る
カクテルレシピ

LIQUEUR

映画、小説に登場のリキュールたち

その美しい色合いで人々を魅了させてきたリキュールは、映画や小説のシーンでも活躍をしています。

タイタニック号の最後の晩餐（ばんさん）で登場したリキュール

フランス・アルプス地方の修道院で造られる【シャルトリューズ】は、リキュールの女王とも呼ばれる名品です。

1605年〝長寿の妙薬〟として130種もの薬草を配合した処方箋が修道院に伝えられましたが、あまりにも複雑な配合のため、なかなか安定して造り出すことができませんでした。しかし、歴代薬剤師たちのたゆまぬ努力の結果、1735年についに誕生します。

以来、魅惑の万能薬として世界中で親しまれていますが、現在でも130種の薬草の種類や配合比率はシャルトリューズ修道院カルトジオ会のトップ2人だけしか伝えられていません。

あのタイタニック号が沈没した夜。特等室の乗客用レストランで、コース料理に「桃のコンポート・シャルトリューズ風味のゼリー」があったことが残されており、伝説のタイタニックディナーとして国内外のレストランで再現されています。

映画『カサブランカ』の中で登場するカクテルとリキュール

薬草やスパイスを漬け込んだ苦いリキュール【アンゴスチュラ・ビターズ】を垂らした角砂糖をグラスに入れ、シャンパンを注ぐシンプルなカクテル「シャンパン・カクテル」。これを世界的に有名にしたのが映画『カサブランカ』です。

ハンフリー・ボガード扮する主人公リックが、イングリッド・バーグマン扮するかつての恋人イルザと奇跡的な再会。イルザがピアニストのサムに「時の過ぎゆくままに」をリクエストし、リックが「君の瞳に乾杯」と言いながら乾杯するあの名シーンのカクテルなのです。実はこの映画の中でたびたび酒が登場します。75口径の大砲の名がついたカクテル「フレンチ75」や【コアントローリキュール】やブランデー、バーボンなど！　酒に注目してこの映画を観るのも楽しみの一つです。

太宰治の『人間失格』に登場する「禁断の酒・アブサン」

その常習性にはまり、中毒を引き起こす危険性のある酒として、製造も販売も飲酒も禁止された歴史を持つ【アブサン】。漬け込まれる薬草のうち、ニガヨモギに含まれるツヨンという成分が脳の神経系統を変質させる作用があり、幻覚、痙攣、自殺癖

などといった症状を起こすことが判明したことが理由です。

もともとは、スイスの医師が医療目的で処方し、フランス兵が赤痢予防として飲用していた薬用酒でしたが、その魅惑的な味わいは一般にも広がります。

文豪ヘミングウェイをはじめ、絵画の巨匠ゴッホもピカソもドガも愛飲していたことは有名で、彼らの画の中にはアブサンを飲む画がたびたび描かれています。

太宰治は『人間失格』の中で、〝永遠に償い難いような喪失感〟を「飲み残した一杯のアブサン」と描写しています。それほどまでに魅惑的なものだったのでしょう。

現在では、WHOが規制緩和し、ツヨンの残存許容量を10ppm以下にすることを条件として製造が復活されています。

文豪ヘミングウェイのバー

アーネスト・ミラー・ヘミングウェイほど酒を愛した文豪はいないのではないでしょうか。酒豪としても名高いヘミングウェイの小説には世界中のあらゆる酒やカクテル、バーが登場します。孫娘には銘ワイン「シャトー・マルゴー」から「マーゴ」と命名するほど！　また行く先々のバーで彼の好みに合わせたオリジナルカクテルを作らせることもあったとか。

世界的にも有名なフランス・パリの「ホテル・リッツ・パリ」には、小さなバー「ル・プチ・バー」があり、パリを訪れるたびに訪問、自宅の居間のように過ごしていた常連客だったそうです。彼はこの小さなバーで１９４４年、ドイツからの解放を祝い解放宣言として、仲間たちと51杯のドライマティーニで祝ったことでも有名です。その50年後、バーの改装とともにバーの店名は彼の名にちなんで「バー・ヘミングウェイ」に改名されました。世界でも有名なホテルのバーに自分の名前がつくなんて、酒に愛して愛されたヘミングウェイへバッカスの神様からのプレゼントだったのかもしれません。

日本ナンバー1に輝いた

フォーリング・スター

「星に願いを」のセリフとともにグラスに注ぐと流れ星のように演出されるカクテル。

1989年日本バーテンダー協会全国バーテンダー技能競技大会
総合優勝

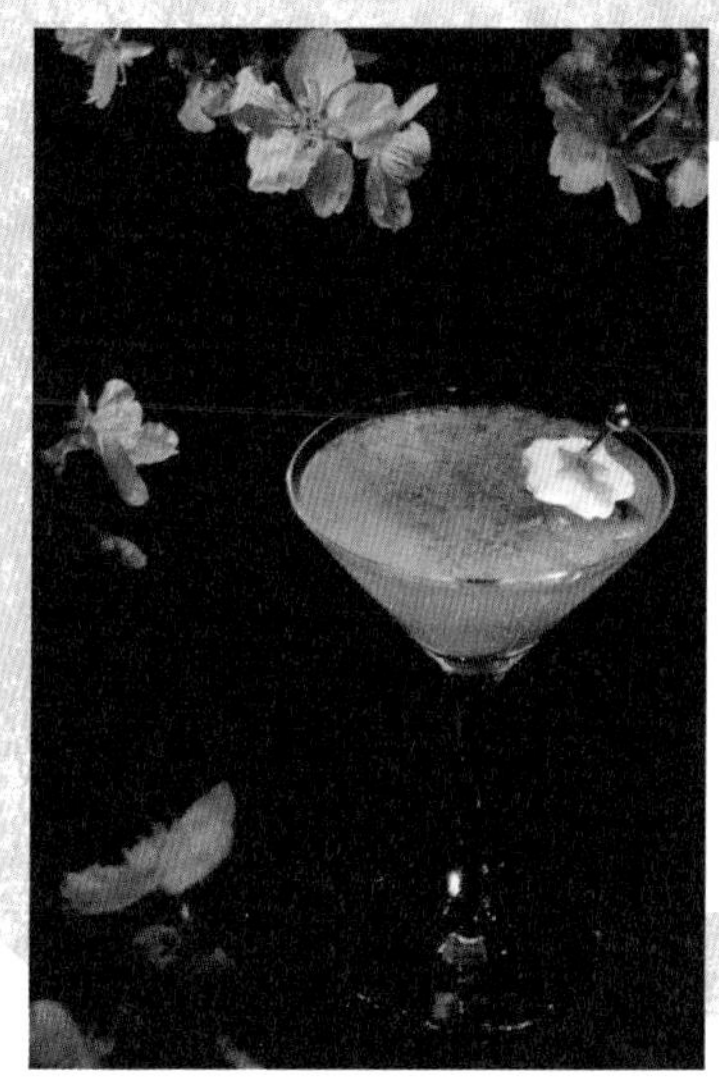

世界ナンバー1に輝いた

SAKURA SAKURA

多くの人を魅了し、日本を象徴する"桜"をテーマに作られたカクテル。

2001年インターナショナル・バーテンダーズ・コンペティション・ジャパンカップ
グランプリ受賞

どちらもBAR保志 保志雄一 作

BAR保志
東京都中央区銀座6-3-7 AOKI TOWER8F

LIQUEUR

知っておきたい！バーでスマートにカクテルオーダーする秘訣

お洒落なバーには行きたいけれど、敷居が高くて緊張する、どのようにオーダーすればいいかわからないという方も多いと思います。ここでは、バーを楽しむために知っておきたいポイントをご紹介します。

カクテルには小ぶりのカクテルグラスに注がれる「ショート・カクテル」と、氷が入ったソーダやジュースなどで割った「ロング・カクテル」の2種類があります。前者はシェイカー、あるいはミキシンググラスで氷と一緒に酒を混ぜ合わせ、冷たくした状態で提供されるものです。

ショート・カクテルは、グラスに注がれた時がベストな温度になっています。これをお喋りしながらだらだらと飲んでいたら、せっかくのカクテルの味が変わってし

まい、おいしさも半減してしまいます。

ショート・カクテルを楽しむ時は10~15分くらいで飲み干すことが理想です。

ただし、ショート・カクテルはアルコール度数が強いものが多いので、酒に弱い方はロング・カクテルがお勧めです。氷以外で割ったものが入っていますが、ある程度の時間は冷たさも楽しめます。お喋りをしながら飲んでいても大丈夫。ただし、氷がすべて溶け切らないうちに飲んでしまいましょう。

カクテルの種類は無限にあり、飲みやすさ、アルコール度数、温度、すべてが計算し尽くされた芸術作品でもあります。

バーでは、さっぱりしたもの、甘いものなど、こんな味が飲みたい、このリキュールでカクテルを作ってほしいなど、リクエストしてみてくださいね。

バーテンダーとの会話もバーでの楽しみの一つ。飲みたい酒をオーダーすることで会話に花が咲き、新しいおいしさもきっと発見できると思います。ただし、大手チェーン居酒屋のメニューにあるカクテルは本物とはまったく異なります。本物のカクテルを楽しみたい時はバーでいただくことをお勧めします。

Manners of the Bar

バーカウンターでのマナー

バーといっても様々ですが、そのお店の格に合わせた振る舞いと他のお客様に迷惑をかけない気持ちを持つことが大切です。

- カウンター席は案内されるまで勝手に座らない
- お好きな席にと言われた時は入口手前側に
- 会話の声が大きくならないよう２名までが理想
- 会話内容にも注意！ 大きな声で話さない
- 店内や酒の写真を許可なく撮影しない
- ボトルや飾り物など勝手に触らない
- 鞄などはテーブルに置かない

雑学

バーテンダーをバーテンと言ってはいけない理由

英語ではBar(酒場)Tender(やさしい)と書きます。バーテンダーはやさしいおもてなしで酒を飲ませてくれ、心を和ませてくれるホスピタリティ精神ある仕事だと思います。その職業名を略したのがバーテンです。

戦後の不況のさなか、社会的地位も高くなかったバーテンダーの仕事をさげすむような意味合いで略し、バーテンと呼ばれるようになったようです。このように略して呼ばれるのはあまり気持ちのいいものではありません。

素晴らしい酒を提供してくれることに敬意を表し、やさしくおもてなしをしてくれる意味の「バーテンダー」という言葉を使っていただきたいと思います。

桜の季節、春を感じさせるカクテル「スプリング・フィーリング」(BAR保志)

LIQUEUR

自分だけのオリジナルリキュールを作ってみよう

日本を代表するリキュール「梅酒」は、自家製で作ることが多いと思います。梅酒作りをする時にホワイトリカー（甲類焼酎の35度のもの）と氷砂糖を入れるのは、アルコールと砂糖の力で梅のエキスを出すためです。２つを入れることで、ゆっくり時間をかけて梅のエキスがアルコールに溶け込んでゆきます。

梅酒だけでなく、すべてのリキュールはこのように造られますので、素材の風味や色合いはもちろん、うっとりとするような甘さも楽しめるのです。

ホワイトリカーは無味無臭のため、素材の味を素直に引き出すことができますが、蒸留酒のブラン

筆者が漬け込んだイチゴとメロンのリキュール

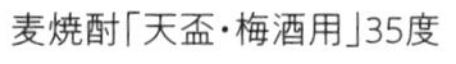

麦焼酎「天盃・梅酒用」35度

デーやウイスキー、ラムや本格焼酎をベース酒にすると、それぞれの酒の風味が加わってさらにおいしくなります。

九州の本格焼酎蔵が造った梅酒のための麦焼酎「天盃梅酒用35度」もあります。麦焼酎の香りと旨みが梅の酸を引き立たせるように研究して造られています。やはりベース酒にこだわるのも自家製果実酒作りの醍醐味でもあります。

梅だけでなく、レモンやイチゴ、リンゴ、ミカン、キウイフルーツなど様々な果実やローズマリー、ラベンダー、ペパーミント、サンザシなどのハーブや薬草はもちろん、生姜（しょうが）や黒ゴマなどでも健康的な薬酒を作ることができます。ぜひ「自分酒」を作ってみませんか？

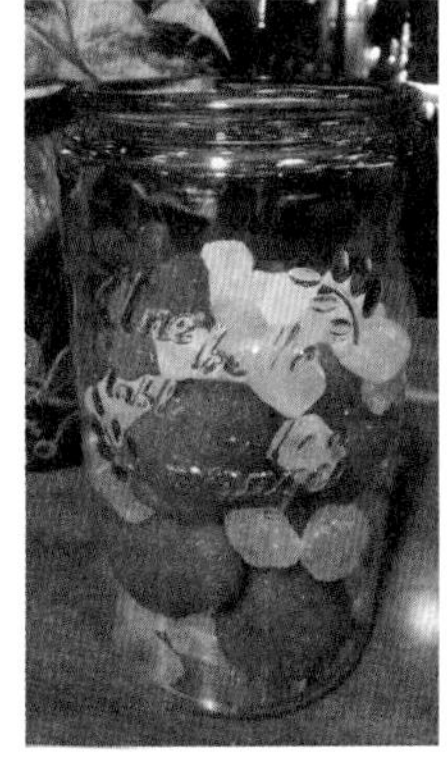

column

ご家庭で果実酒を作る時の重要な注意点

日本では酒税法という税金が絡む厳しい法律があります。様々な果実やハーブを漬け込む果実酒作りは問題ありませんが、以下の点はご注意ください。

NG! ブドウや山ブドウで果実酒を作ることはできません

理由はブドウそのものに酵母菌があり、自らの力で発酵し、アルコールを生成してしまうからです。同様に穀類(米、麦、あわ、とうもろこし、こうりゃん、きび、ひえ、もしくはでんぷんまたはこれらの麹)もNGです。

NG! ベースとする酒のアルコール度数は20度以上!

アルコール度数が20度以上であれば種類は問いませんが、日本酒をベース酒にした場合、20度以上の原酒でなければいけません。20度以上のアルコールは酵母菌を除去し、アルコール発酵を促さないためです。

※サングリアなど14度ほどのワインで作る場合は、作り置きせずに飲む直前に作れば問題ありません。飲食店などで提供することはNGです。

NG! 販売はできません。自分と同居する家族が消費するためであること

あくまで自家製果実酒は、自らが楽しむことを目的として作ります。利益や報酬を得ることは酒税法違反になります。以前は旅館や飲食店などで自家製酒を提供することもNGでしたが、2008年に改正された酒税法特例措置により「提供」のみ可能になりました。ただし、お土産などでの販売はできません。※自らとは法人を含みません

FORTIFIEDWINE

第10章

フォーティ ファイドワイン

フォーティファイドワインは、欧州のワイン国で誕生した
「ワインから生まれたワイン」の最高傑作です。
ワインにブランデーを加え、アルコールを強化した
という意味の「酒精強化ワイン」ともいいます。
誕生のきっかけは、大航海時代の船中で高温により
発酵しそうになったワインにブランデーを加えたところ
芳醇なワインに生まれ変わったと伝えられています。
フォーティファイドワインの最大の魅力は、
何といっても熟成による複雑で奥深さが楽しめること。
この神秘的な味わいは世界中で多くの人を魅了しています。

FORTIFIED WINE

世界三大フォーティファイドワイン

◆ポルトガルの【ポートワイン】
◆ポルトガル領マデイラ島の【マデイラワイン】
◆スペイン・ヘレス地方の【シェリー】

酒に馴染みのない方でもどれか一つは耳にしたことがあるのではないでしょうか。

この3種が「世界三大フォーティファイドワイン」です。

他にもイタリア・シチリア島の【マルサラ】、スペインの【マラガ】、フランスの【ヴァン・ド・ナチュレ】などがあります。

FORTIFIED WINE

世界三大フォーティファイドワイン①
【ポートワイン】Vinho do Porto

ポルトガル全域で造られるワインが「ポルトガル・ワイン」で、その中のドウロ地区のワインにブランデーを加えて熟成したものが【ポートワイン】です。

ポルトガルワイン自体の歴史は古く、すでに紀元前600年頃にはフェニキア人によってブドウが栽培されていました。ヨーロッパの最西端に位置し、ブドウ栽培面積は世界第6位のワイン大国。その最大の理由は、気候条件が良く、良質のブドウが栽培されること。歴史と宗教に翻弄されたこの国は17世紀にスペインから独立した後もワイン造りが継承され、有名なワイン産地へと発展しました。

ポートワインが誕生したのは14世紀以降のこと。英

フェニキア人が植栽したポルトガル・ドウロ地区のブドウ畑

仏戦争によってポルトガルからイギリスへのワイン輸出が急増したことで大きな市場に発展していきました。

現地では、都市と港の名称「ポルト」と呼ばれ、正式名は【ヴィーニョ・デ・ポルト】といい、イギリス人が「ＰＯＲＴ」をポートと発音したことから日本や英語圏では「ポートワイン」と呼ばれています。

一般的なワインのアルコール度数が10～15度なのに対し、ポートワインは20度前後と高く、深みのある甘さとコクで食後酒として楽しまれることが多いお酒です。

※日本では明治40（１９０７）年に発売された「赤玉ポートワイン」が存在していましたが、ポルトガル政府からの抗議により昭和48（１９７３）年に「赤玉スイートワイン」に変更されています。

ポートワインを名乗るための条件

ポルトガルの厳しいワイン法により、ポートワインとして表示するためには以下のような規定があります。

- ドウロ地区で収穫した指定ブドウ品種のみを100％使用
- ワイン醸造同様に発酵させる
- アルコール発酵が行われている際にブランデーを添加し発酵を強制的に停止させる
- ポルト市内にあるヴィラ・ノヴァ・デ・ガイア地区で樽熟成させる
- ポルト港から出荷されるもの

ポートワイン甘さの秘密

ポルトガル・ドウロ地区で生産されたワインは発酵途中のまだ糖分が残っている状態で、強制的に77度のグレーブブランデー（ブドウを蒸留したブランデー）を加えます。これにより発酵が止まり、アルコールにならなかった糖分が残ります。この残った糖分が後にポートワインの特徴である甘さになります。この状態で北部のポルト港にトラックやタンクローリーで運ばれます。

現地で聞いた話では、以前はブドウ畑から牛車を使って川沿いまでワイン樽を運び、船でポルト港まで数日かけて運ばれていたとのこと！「風情がなくなったね」と笑っていました。

運ばれた先のポルト港周辺にはシッパーと呼ばれる商社が90社ほど立ち並んでいます。それぞれのシッパーに運ばれた樽は、職人によってブレンドされ、シッパーの倉庫で樽熟成、瓶詰めされ出荷されます。ポルト港から出荷されなければ【ポートワイン】とは名乗ることができません。

熟成される
ポートワイン
の前で

ヴィンテージ
ポート入荷中！

ポートワインは、長期間の樽熟成により甘みと深みを醸し出します。通常のワインと比べ、アルコール度数が高く、香りや味わいが劣化しにくいため、長期間の保存も可能です。なかには40～50年熟成ともなる熟成期間を経て濃厚で芳醇なポートワインも存在します。

一般的にはコクのある甘口になりますが、近年、欧米の食生活の変化に合わせて、ドライポート、ホワイトポートと呼ばれる甘さを控えたタイプも人気です。

どんなポートワインを選ぶ？

ホワイトタイプやドライなものは食前酒として
楽しみますが、ルビーや甘さの濃いものは食後酒として
デザートと一緒に楽しむことが多く、チーズやフルーツ、
アイスクリーム、チョコレートとの相性もバツグンです。

特徴	
ほどよい酸味があり甘さは控えめのため、食前に楽しむことが多い。	**ホワイトポート** 3年〜5年樽熟成
ポートワインの定番。軽めに楽しみたい時、ほど良い甘さを楽しめる。お料理のソースにもお勧め。	**ルビーポート** 平均3年以上の樽熟成
上品な深みがあり、10年ものや20年ものも多い。ルビーポートよりも芳醇な味わいをじっくりと楽しむことができる。	**トウニーポート** ルビーポートをさらに5年以上樽熟成
トウニーポートのスペシャルバージョンでさらに芳醇さが増す。収穫年の同じブドウを85%以上使用し、その収穫年の4年後に最低7年の樽熟成が必要。	**コリェイタ** 最低7年の樽熟成
ヴィンテージ・ポートに選ばれたブドウの作柄までは届かないものの、優れた収穫年のみのブドウを使用。	**レイト・ボトルド・ポート** 4年〜6年樽熟成
ルビーポートの中でも優れた収穫年のブドウのみで造られたポート。生産量もごくわずかで、最も高級で贅沢なポート。	**ヴィンテージ・ポート** 平均樽熟成は20年以上

マデイラ島

FORTIFIED WINE

世界三大フォーティファイドワイン②
【マデイラワイン】 Vinho da Madeira

1419年、大航海時代に発見された小さな島「マデイラ島」は、ポルトガル領の一つで首都リスボンから南西に約1000キロの大西洋上に浮かぶ小さな島です。「大西洋の真珠」と呼ばれる小さな美しい島は、年間平均気温20度で常春（とこはる）の島といわれる温暖な気候。美しい花、たくさんのフルーツやサトウキビ、さらに魚介類にも恵まれ、美しい海とおいしい料理が楽しめる魅惑の楽園です。

このマデイラ島の環境で生まれたのが【マデイラワイン】です。ポルトガル語では「ヴィーニョ・デ・マデイラ」、日本では「マデイラ酒」と呼ぶことが多いようです。

現在、生産者は8社。そのうち6社が日本へ輸出しています。日本では料理酒としてのイメージが強く、味わうために飲まれることが少ないのがとても残念です。

加熱でおいしさが倍増するマデイラ

マデイラはポートワイン同様、発酵途中にグレープブランデーを添加することで発酵を止め、甘さを残したものです。ポートワインと異なるのは、樽に入れてから加熱処理をすることと、甘口から辛口、料理用まで様々な種類があることです。

マデイラ最大の特徴でもある加熱処理の方法は、ワインタンクに温水の入ったパイプを通す人工的な加熱熟成方法（エストゥファ）と、ワイン樽を太陽光のある倉庫で直接太陽に当て自然な加熱熟成によって加熱する伝統的方法（カンテロ）があります。実際に直射日光の下に置かれたタンクを見た時はおどろきました。この自然熟成では数年かかることもあります。加熱熟成工程が終わると、さらに樽で常温熟成され、芳醇な味わいに整えてゆきます。この数年から数十年にわたる熟成によって、マデイラ特有の香り、色、味わいを生み出すのです。

太陽光のもとで
おいしいマデイラになる！

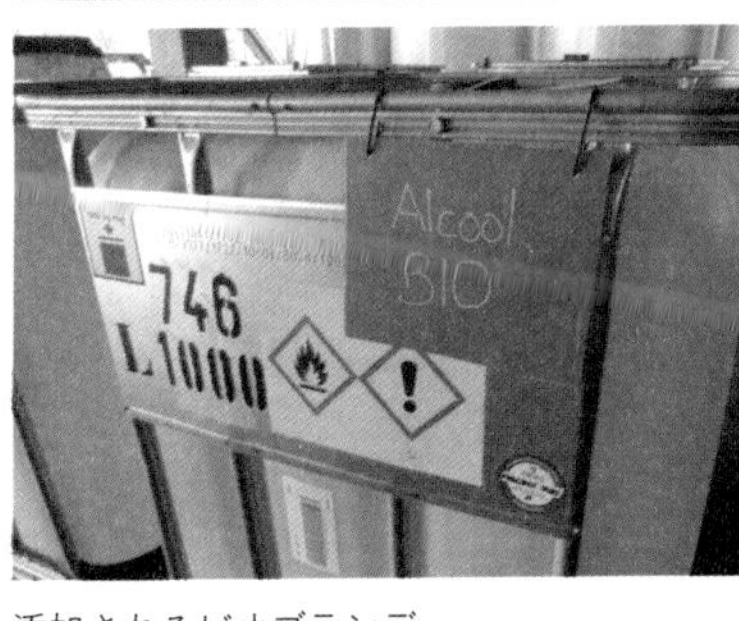

添加されるビオブランデー

マデイラの選び方はまずブドウ品種

マデイラの種類はブドウ品種によって辛口の食前酒タイプから甘口のデザートタイプまで様々です。甘さ加減はブランデーを加えるタイミングをコントロールして調整します。さらに熟成によって甘さの深みが大きく変化します。

マデイラソースとしてお料理に使う時は程良い甘みのあるものが良いでしょう。

ポルトガル・マデイラワイン協会で決められたマデイラワインの定義では、ある種のブドウを85%以上使用していれば、その品種をボトルに表記して良いことになっていますが、現在では、単一品種100%で製造している造り手がほとんどです。

マデイラのブドウ品種の違いでテイスティング

どんなマデイラを選ぶ？

ブドウ品種で好みの味わいが選べます。
ラベルにはブドウ品種や熟成年数が記載されています。
熟成方法と年数によって味わいも
大きく変わります。

現地で158年前のマデイラを試飲させていただく機会がありました。芳醇という言葉だけでは言い表せない濃厚な甘さとコクは全身が痺れるほど神秘的な味わいでした。

新しい樽にこのような熟成マデイラを数滴加えるだけで味わいが変わるとのこと。そのためのマデイラが大切に保管されています。

1863年のヴィンテージマデイラ

保存されている熟成マデイラのボトル

マデイラワインバー「マデイラ エントラーダ」

150種ものマデイラワインがグラスで楽しめるマデイラ専門バーです。

東京都中央区銀座6-5-16 三楽ビル 3F

FORTIFIED WINE

世界三大フォーティファイドワイン③【シェリー】Vino de Jerez

ブドウ栽培面積世界一のスペインが誇る【シェリー】。年間日照時間が300日にもなるスペイン南部アンダルシア地方は糖分をたっぷりと含んだ白ブドウを産します。シェリーはこのアンダルシア地方南端に位置するヘレス地区他、「シェリーのゴールデントライアングル」と呼ばれる3地域のみで造られます。

厳密なワイン法に沿って、発酵途中の白ワインにグレープブランデーを加え、アルコール発酵を止め、アルコール18度以上になるようにします。さらにシェリー独自の熟成方法で造られたものがシェリーと名乗れます。

シェリーというと、辛口のイメージが強いかもしれませんが、辛口から極甘口まで様々な味わいがあるのも魅力の一つです。

サンルカル デ・パラメダ
ヘレス
エル・プエルド デ・サンタマリア
Spain
アンダルシア地方

シェリー独自の樽熟成法で生まれるカビが美酒を生む

シェリーはポートワインやマデイラワイン同様にグレープブランデーを加えますが、大きな違いは、次の3つです。

●白ブドウ単一品種のみの「白ワイン」から造られる

●3地域ならではの酵母「フロール」による酸化をする

●「ソレラシステム」と呼ばれる独特の熟成方法で完成させる

主なブドウ品種は「パロミノ種」、甘口タイプには「モスカテル種」「ペドロ・ヒメネス種」を使用します。まず、その年に収穫したこれらの白ブドウから20度前後の高い温度で発酵させ、白ワインを造ります。この白ワインを樽の7分目くらいまで入れ、その年の晩秋までわざと酸化させるように空気に触れさせたままの状態で保存するのです。するとこの期間にワインの表面に白く薄い膜ができます。この膜は「フロール（花）」と呼ばれる産膜（さんまく）酵母、いわゆるカビの一種です。このフロールは、大西洋海沿いの地区だけに見られる独特のバクテリアで、

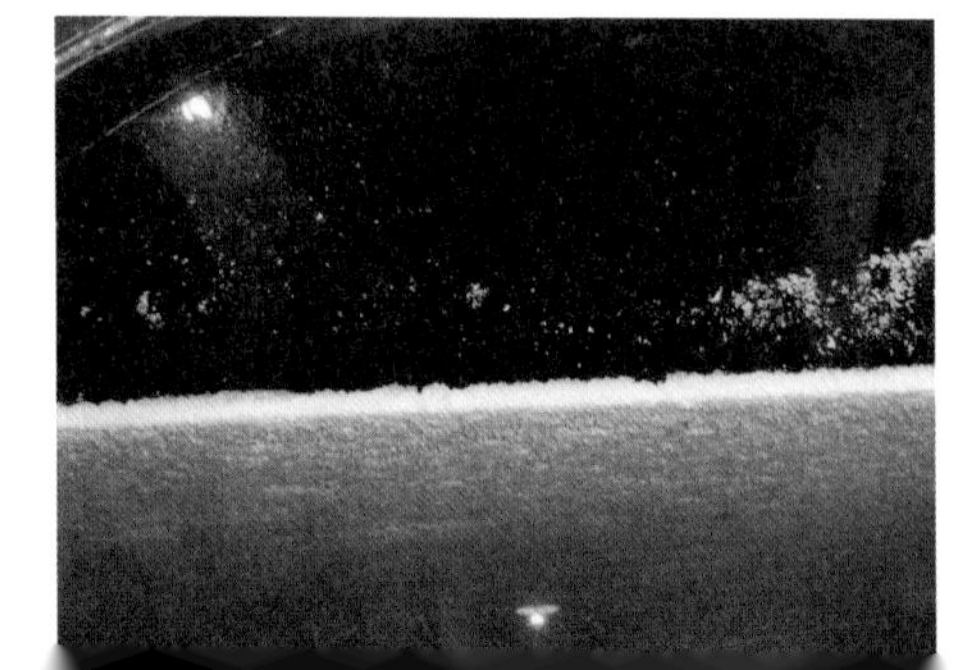

表面に表れるフロール

この薄い膜がワインと空気の接触を防ぎ、自然にゆっくりとした酸化を促します。このフロールがシェリー独特の香りを生むのです。

自然の摂理のなか、ゆるやかに酸化する状態は、当然ながら樽ごとに異なります。その状態を見極めて、フロールが多く出ている樽には添加するグレープブランデーの量を少なくして辛口タイプのシェリーに、フロールが少ない樽にはグレープブランデーの添加量を増やして濃厚で甘口タイプの原酒を造ります。

おいしさを生み出す「ソレラシステム」

さぁ、ここからがシェリーの味わいを決定付ける独自のブレンド&熟成方法です。

木樽に入ったシェリー原酒は、3~4段に積み重ねられます。

一番下の段には一番古い樽、その上の樽には次に古い樽、と積み重ね、最上段の樽はブランデーを添加したばかりの一番新しい樽になるようにピラミッド型に積み上げます。こうして、古い樽と新しい樽の味わいを見極めながら、ブレンドさせて味わいを完成させますが、減ってしまった分はどうするか？　というと、その上に積んである樽から補充、その補充で減った分はさらにその上から補充する、という具合に順番

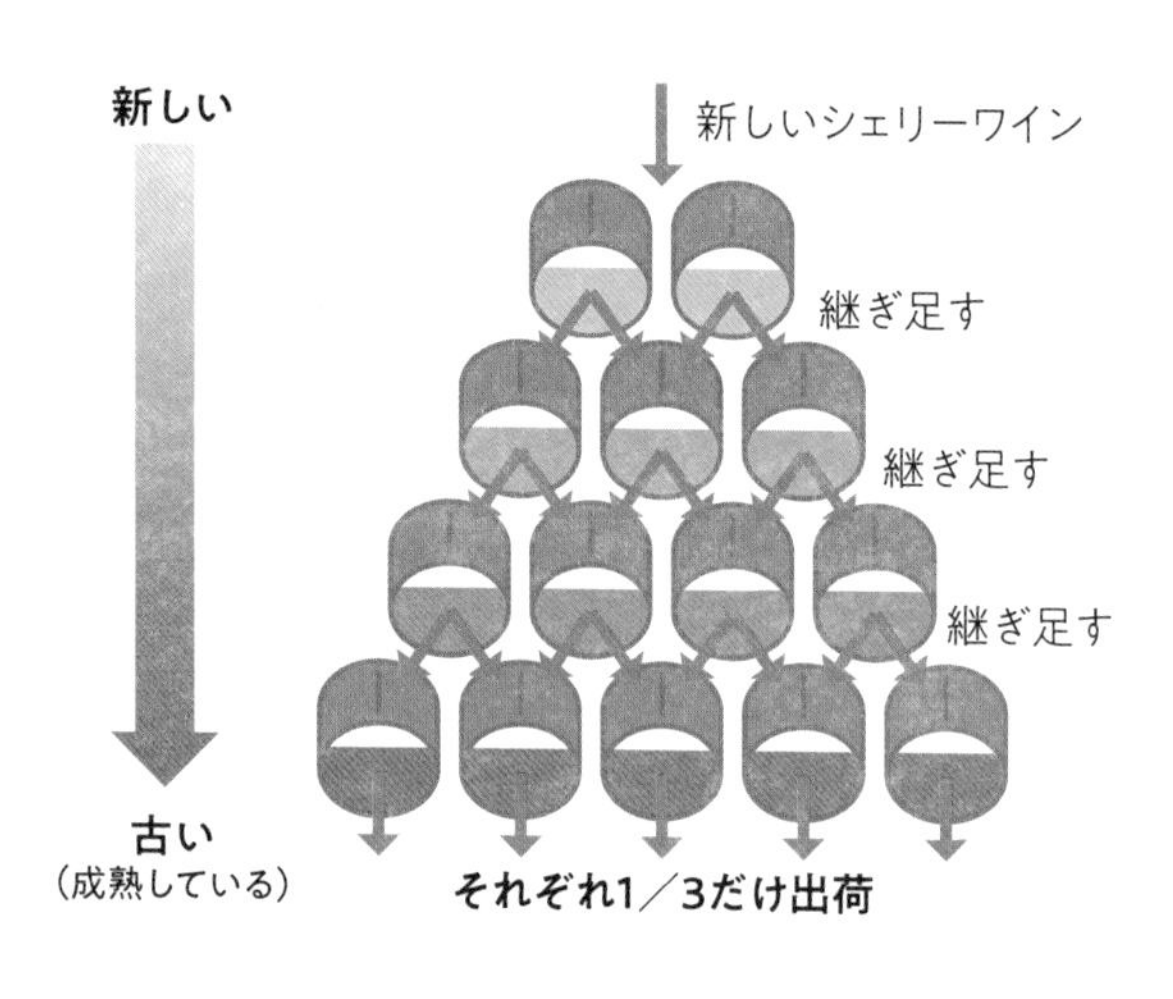

に古い樽へ補充をしていくのです。
こうして一番下の樽には順次、成熟したシェリーを足してゆくことで、出荷されるシェリーに風味を持たせ、常に安定した品質を保つことができるのです。この方法を「ソレラシステム」といいます。
常に一定の味わい、一定の品質になるようにするのはブレンダーの技術。熟成した樽と新酒の樽、その中間の樽の味わいを見極めながらブレンドするのは熟練の技。
1本のシェリーには、いくつもの樽からブレンドされた歴史があるのです。

雑学

シェリーとヘレスは同じ言葉

もともとヘレスの町は紀元前からギリシャ名の「XERA ヘラ」という名がついていました。その後、ローマ人をはじめとした他民族の支配をたびたび受けながら、セレト→セシュウム→シュレスと変わってゆき、17世紀にスペイン語でヘレスとなります。

このヘレスが英語訛(なま)りの「シェリー」としてイギリスで愛飲されて以降、世界的に有名になりました。

現在でもスペインでは「ヘレス」、フランスでは「ケレス」と呼ばれています。

ワイン法の原産地呼称名としては、この3つをすべてつなげて【ヘレス・ケレス・シェリー Jerez-Xérèz-Sherry】が正式名になります。

スペイン語、フランス語、英語がすべて混ざっていることは、世界中を魅了させたワインである証拠なのです。

どんなシェリーを選ぶ？

辛口か甘口か？ 味わいが軽いか濃厚か？ で決まります。
辛口タイプでも食前酒タイプのスッキリしたものから、
コクのある辛口があります。
食後に楽しむなら、深みのある甘口タイプのシェリーが良いでしょう。

味わい		特徴
すっきりした辛口	フィノ	フロールの独特な香り。食前酒で楽しむことが多い
味わい深い辛口	マンサニーリャ	沿岸部が産地のため、塩っぽさのある味わい。食前酒に!
重厚な辛口	アモンティリャード	フィノを熟成させた香ばしい香り。アフターウイスキーにも
	オロロソ	食後やナイトキャップに楽しみたいシェリー
ほのかな甘口	ペイルクリーム	フィノをベースに甘みを加えた軽甘口。チーズに合う
まろやかな甘口	クリーム	優雅で上品な甘さ。常温でゆっくりと食後に
甘口	モスカテル	ブドウの香りと深みのある甘さを楽しむデザート酒
極甘口	ペドロヒメネス	最も極上で、奥深い甘さとコクを楽しむデザート酒

ビール
ワイン
スパークリングワイン
日本酒
焼酎
ウイスキー
ブランデー
スピリッツ
リキュール
フォーティファイドワイン

雑学

シェリーとスコッチウイスキーの関係

スコッチウイスキーの熟成にはシェリー樽を使用することが多いのですが、スコッチウイスキーのラベルに「PX」と書かれたものはPedro Ximenezペドロヒメネス種のシェリー樽で熟成しましたよ、という意味で、濃厚極甘のシェリーの香りと甘みを感じるウイスキーになります。

世界で一番濃厚な甘いワイン!?

シェリーというと、ドライなイメージがあるかもしれませんが、前ページのように味わいも様々。

そして、世界で一番濃厚で甘いといわれているのが、ペドロヒメネス種の濃厚極甘シェリーです。

ぜひ機会があればアイスクリームにかける！という贅沢な楽しみ方をしてみてください。

きっとその味わいに感激すること間違いありません。

三大フォーティファイドワインを訪ねて

２０１４年の晩秋。どうしてもこの目でフォーティファイドワインの現場を確認したいと思い、一人旅に出ました。ポルトガルのワイン産地ドウロでは「フェニキア人が開拓したブドウ畑をブドウが実りやすいようローマ人が段々畑にしてくれたの。今、私たちがそれを守っているわ」という生の言葉を聞きました。マデイラ島では、ローマ人たちがブドウ栽培をしていたという断崖絶壁の痕跡も見ました。スペインの沿岸部サン・ルーカルでは、同じシェリーの括りでも「フィノとマンサリーニャはまったく別物だ、その証拠がこの潮風だ！」という現地の熱い想いにふれることができました。マンサリーニャ特有の塩味を体験した、現地での貴重な勉強は、何年経っても忘れることができません。数あるお酒のなかでフォーティファイドワインは各地の伝統を守りながらこの先の１００年、２００年と繁栄していくと確信しています。

マデイラ島の絶壁。ここでローマ人がブドウを栽培していた

おわりに

この本は35年前に父が書いた『酒屋が書いた酒の本』を同志である入江亮子さんがSNSで紹介、私の日本酒ナビゲーター講座を受けてくださった三笠書房の編集者の目にとまったことがきっかけで生まれました。今まさにどんどん進化し、面白くなっているお酒の世界ですが、世界中でウイルスが猛威をふるい、お酒を楽しむ場が減ってしまいました。悲しいことに飲食店や酒類製造業はもちろん、原料を作る農家さんにまで甚大な被害が及んでいます。しかし、本書でもお話ししたように、お酒は文化であり、私たちの人生に彩を添えてくれるものです。また適量の飲酒はまさしく「百薬の長」。心身ともにリラックスさせてくれる素晴らしいものです。

一日も早く、安心して笑顔で飲食を楽しむ日が復活することを願ってやみません。

本書の発行にあたり、ご協力いただいた多くの友人知人、蔵元さま、ありがとうございました。そして本書を手にしていただいた皆様に心から感謝いたします。

ありがとうございました。

大越　智華子

■参考文献
『酒の起源』パトリック・E・マクガヴァン　藤田多伽夫訳（白揚社）
『歴史を変えた６つの飲物』トム・スタンデージ　新井崇嗣訳（楽工社）
『ビールは楽しい！』ギレック・オペール　河 清美訳（パイ インターナショナル）
『ウイスキーは楽しい！』ミカエル・ギド　河 清美訳（パイ インターナショナル）
『日本の酒文化』坂口謹一郎（岩波書店）
『酒の日本酒文化』神崎宣武（角川ソフィア文庫）
『活性酵素を飲む』穂積忠彦（健友館）
『知っておきたい酒の世界史』宮崎正勝（角川ソフィア文庫）
『ウイスキーの教科書 改訂版』橋口孝司（新星出版社）
『いちばんわかりやすいワイン入門』野田宏子（日本文芸社）
『新訂 ワインの基』全日本ソムリエ連盟（NPO法人FBO）
『新訂 日本酒の基』日本酒サービス研究会・酒匠研究会連合会（NPO法人FBO）
『酒屋さんが書いた酒の本 改訂版』大越貴史（三水社）

Special thanks
■取材協力・画像提供（敬称略）
奈良県桜井市 三輪明神「大神神社」
東京都中央区銀座「BAR保志」有限会社エイトスター
奈良県吉野郡「猩々」北村酒造株式会社
京都府京都市伏見区「月の桂」株式会社増田德兵衛商店
千葉県いすみ市「木戸泉」木戸泉酒造株式会社
広島県東広島市「賀茂鶴」賀茂鶴酒造株式会社
福岡県朝倉郡「天盃」株式会社 天盃
鹿児島県指宿市「利八」吉永酒造有限会社
東京都新島村「嶋自慢」新島酒蒸留所
NPO法人FBO（料飲専門家団体連合会）
株式会社ヴィノラム
タイタニックホールディングス株式会社
株式会社Bons Vivants / Love Rosé 副島美佐子
テキーラ道場主宰 前田顕義
日本酒学講師：入江亮子・市田真紀・ハッセー更香
唎酒師創設者・FBO理事長 右田圭司

■編集協力（敬称略）
リカープラザ図版：at design 菅 玲子
製造工程イラスト：アサノノリエ
浅浦史大・北井一彰
大越勝蔵・大越裕蔵

匠(たくみ)が教(おし)える 酒(さけ)のすべて

著　者――大越智華子（おおこし・ちかこ）

発行者――押鐘太陽

発行所――株式会社三笠書房

〒102-0072 東京都千代田区飯田橋3-3-1
電話：(03)5226-5734（営業部）
　　：(03)5226-5731（編集部）
https://www.mikasashobo.co.jp

印　刷――誠宏印刷

製　本――若林製本工場

編集責任者　本田裕子
ISBN978-4-8379-2870-6 C0077